TURING 图灵新知

数学思考法

解析直觉与谎言

[日]神永正博——著
孙庆媛——译

Masahiro
Kaminaga

直感を裏切る数学

「思い込み」
にだまされない数学的思考法

人民邮电出版社
北京

图书在版编目（CIP）数据

数学思考法：解析直觉与谎言 /（日）神永正博著；孙庆媛译. -- 北京：人民邮电出版社，2018.3

（图灵新知）

ISBN 978-7-115-47110-9

Ⅰ. ①数… Ⅱ. ①神… ②孙… Ⅲ. ①数学－普及读物 Ⅳ. ①O1-49

中国版本图书馆CIP数据核字（2017）第260125号

内 容 提 要

本书为讲解“数学思考法”的通俗科普读物，书中通过用数学思维解析实际生活案例、公众认知中的错误直觉、数学经典名题等方式，由浅入深地传授了分析数据信息价值、辨别谎言、拆解转化复杂问题、抓住事物本质的思考之法，同时讲解了相关的数学知识与理论，可以有效提高理性思维、判断与解决问题能力，对于理解数学、培养数学兴趣亦有有益启示。

◆ 著　　[日]神永正博
　译　　孙庆媛
　责任编辑　武晓宇
　装帧设计　broussaille私制
　责任印制　周昇亮

◆ 人民邮电出版社出版发行　　北京市丰台区成寿寺路11号
　邮编　100164　　电子邮件　315@ptpress.com.cn
　网址　https://www.ptpress.com.cn
　固安县铭成印刷有限公司印刷

◆ 开本：880×1230　1/32
　印张：9.25　　　　2018年3月第1版
　字数：172千字　　　2024年9月河北第13次印刷

著作权合同登记号　图字：01-2016-2840号

定价：69.80元

读者服务热线：(010)84084456-6009　印装质量热线：(010)81055316

反盗版热线：(010)81055315

广告经营许可证：京东市监广登字20170147号

前言

在科学的殿堂中，攀登愈高愈能得见前所未闻之真理。

——粒子物理学家卡罗·鲁比亚（Carlo Rubbia）

我们这一代日本人生活在一个看不到未来的灰暗时代。人口老龄化、低生育率、人口数量减少、能源危机，种种问题都在冲击着日本社会，使得长久以来形成的社会秩序逐步走向崩溃。

而在另一个世界，前沿数学研究的未来也同样模糊不清。为了探索那些尚未被人所窥知的真理，数学家们必须不断地发起挑战，去证明那些常人根本无法想象的数学定理。

数学研究和现实社会，乍一听好像是两个完全不相干的世界。但是，在某种意义上，也可以认为两者都处于同样的境遇。这两个世界所面临的问题，都是无法仅仅用迄今为止人们所积累的学识和经验就可以解决的。

当人们谈论那些天才数学家时，经常会冠之以“天赋”“神秘的直觉”等美誉。关于数学的讨论中也尽是诸如“搞数学的有没有天分最重要”“做数学研究得有那种感觉才行”等论调。你的身边应该也有一些悲观的家长吧，他们总是觉得“我家孩子根本就不是学数学的那块料……”

但是，在我看来，这些都不过只是些宣传口号罢了。“天分”“感觉”等，说这话的人都是事后诸葛亮。那些被称为“直觉”的灵光一闪，不过是早已得出答案的当事者的事后说明而已。他们其实早已窥见了解决问题的正确途径，只不过是换种说法，把解决的过程称为“直觉”。当你真正面对那些无法解答的问题时，我想这种神乎其神的所谓“直觉”的力量，根本不会有什么帮助吧！

真正的天才，并不是说他有才华就会大放光彩，能够受人瞩目一定是因为他进行了大量的思考和研究工作。在数学的领域里，没有所谓“直觉”这样的捷径。最终能够通往正确答案的唯一道路，就是要有韧性，要不断地反复去思考问题之所在，耐心地追寻其中的逻辑。

按照这个道理来说，我觉得，即使是普通人也有可能实现破解难题的壮举。无论话语出自多么伟大的人之口，错的就是错的；即使是幼小的孩童说的，对的也永远是对的。在数学面前，威权主义也无能为力！世界上还有比这更直白的吗？

今天的日本，之所以能够跨入发达国家之列，有赖于不断借鉴其他发达国家的发展经验，并加以改良。不过，发展到现在，日本已经成为别国借鉴的对象，而其本身的发展前景，则再也找不到可以学习的范本了。但是，只要还存在一群能够理性思索那些有悖于直觉的事情的人，那么我们就还是可以期待，这个国家能够在未来开启新的篇章。而那些乍一看“颠覆直觉”的理念，也很有可能会成为解决我们当下问题的关键。

数学研究对所有人来说都是平等的。同样，在解决社会问题这方面，也只有认真努力、不断积累，才可能开启通往下一个时代之门。希望读者阅读本书时，在体验用数学思考法解决各种“颠覆直觉的问题”的同时，也能够获得这样的认知。如此，作为本书作者的我就颇感欣慰了。

致读者

本书由 20 个主题构成。每个主题都以数学爱好者“X 先生”的日记作为引线进行展开。每一篇日记中，X 先生都会就某个数学话题表达自己的意见，但是他的表述中一定存在一些错误的理解。请大家在阅读每一节开篇的日记时，也尝试去寻找一下他的错误。

目录

第一章　颠覆直觉的数据　　001

比率的魔法棒　　002
“平均”的日本人　　017
贝叶斯定理　　028
齐普夫定律　　041
本福特定律　　057

第二章　颠覆直觉的概率　　073

惊人的“同月同日生”　　074
飞镖游戏之谜　　091
你不知道的排队这件事　　103
反正弦理论　　117
蒲丰投针实验　　129

第三章　颠覆直觉的图形　　143

井盖与 50 便士　　144
鲁珀特亲王之问　　153
线段的旋转之舞　　166
托里拆利小号　　178
色彩的难题　　190

第四章　颠覆直觉的定理　201

空间填充曲线　202

帕隆多悖论　213

蒙提·霍尔的陷阱　228

关于“无限”的故事　239

连续统假设　251

后记　269

尾注　272

第一章
颠覆直觉的数据

比率的魔法棒

4月2日

作为一名新入职的员工，最大的愿望就是不会被公司裁掉。现在，经济不景气的新闻充斥着日本的电视节目和报纸，日本的年轻人置身于这样的社会环境之中，每天听到的尽是负面的消息，也难怪他们提不起精神。但是，认真思考的话，日本的经济真的那么不景气吗？

作为一位数学爱好者，我希望能够在数据上找到这个结论的根据。这种情况下，就应该去查证一下统计数据了。于是我马上上网查询，在某位网友的博客上，我看到了这样的内容："年收入1000万日元以上、年收入500万～1000万日元、年收入500万日元以下的三个阶层，人均年收入均呈现上升趋势。"

这是不是可以说明日本经济已经复苏了呢？日本不但没有变得越来越穷，反而变得更加富有了才对吧？

寒冬将尽，春日可期。日本经济的漫长冬季已经过去，我们也终于可以迎接春天的到来了！

怪！经济不景气时人均收入反而增长？

在当今信息社会，充斥着形形色色的新闻消息。普通人要从其中分辨出哪些是真新闻，哪些是编造出来的谎言，并非易事。为此，我们要先读懂关键的统计数据，再逐步展开对消息真伪的分析。

为使分析过程更简明易懂，我们先简单地把某国的国民划分为“高收入群体”和“低收入群体”（两类群体的分界点是年收入 500 万日元）。假设这个国家一共由 4 个人组成，他们的年收入分别是 1400 万日元、600 万日元、300 万日元、200 万日元（图 1）。

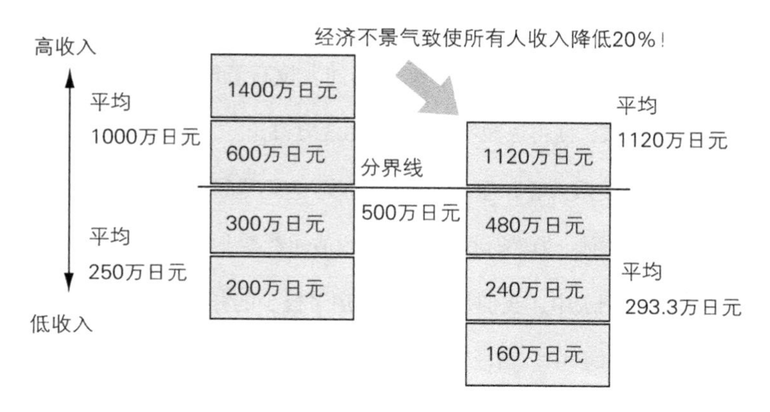

图 1　经济不景气但人均所得却增长的情形

在这种设定之下，可以计算得出各个群体年收入的平均值，即高收入群体的平均值为 1000 万日元，低收入群体的平均值为 250 万日元。

但是，在经济不景气的情况下，所有人的收入都减少了 20%。于是，高收入群体中相对收入较低的、年收入 600 万日元的人就不再符合标准，需要被划分到低收入群体中进行统计。

现在，让我们看一下变动之后各群体年收入平均值的变化。高收入群体中仅剩下原本年收入为 1400 万日元的统计对象，即使减掉 20%，他的年收入仍有 1120 万日元。因为这个群体只有一个样本，所以平均值自然也是 1120 万日元。另一方面，低收入群体中增加了一个样本，统计对象增加为 3 人。原本年收入为 600 万日元的统计对象，减掉 20% 后年收入为 480 万，但在低收入群体中已经是最高的收入水平了。因此，该统计对象的加入拉高了整个低收入群体的年收入平均值，使得该数字上升为 293.3 万日元。

从这个结果来看，虽然所有人的收入都下降了 20%，但是列入统计的两个群体，其整体的年收入平均值却都是上升的。

在这个例子中，我们是有意地使用了极少的样本进行统计分析，但是在现实社会中，当社会经济陷入严重恶化的困境时，确实会出现一些类似的看似矛盾的情形，例如，在各个群体的年收入平均值上升的同时，贫困人口的比例也在增加。

当然也存在与此相反的情形，例如，即便各群体的年收入平均值有所下降，但如果高收入群体所占比例有所增加，社会整体的年收入平均值也会上升。这种现象常常可以在处于快速发展的经济体中看到。

这种现象的产生，具体来说，是因为随着收入的提高，低收入群体中的一部分人被列入了高收入群体的统计范围，但是相对于既有的样本，这些新列入的样本值都比较低，因而导致高收入群体整体的年收入平均值被拉低。与此同时，低收入群体的年收入平均值也降低了。原因在于那些转移到高收入群体的统计范围的样本人群，原本在低收入群体的样本中都属于收入较高的一群人，他们的转移使得群体整体的平均值下降。

就结论而言，从整体上看，高收入群体在社会成员中所占的比例有所提升，表示整个社会应当是更加富裕了。但从数据上，我们却只能看到两个群体的年收入平均值都呈下降的趋势。在这种情况下，统计数据很容易产生误导。

在本节开头部分的日记中，X 先生写道："三个阶层，人均年收入均呈现上升趋势。"但是我们要说，仅凭这一点还不足以断言日本的经济已经复苏。也许乍一看，有人会觉得我们的质疑根本没什么道理，但是如果他读过上文中的分析，就会了解原因之所在。

在某个条件下的两组数据，分别讨论时都会满足某种性质，可是一旦合并考虑，却可能导致相反的结论。在数学领域中，这种现象被称为辛普森悖论（Simpson's Paradox）。这个理论是由英国统计学家 E.H. 辛普森（E.H. Simpson）在 1951 年发表的论文"The Interpretation of Interaction in Contingency Tables"中正式提出的[1]。

平均值的陷阱

我们还可以举另外一个例子来说明这种现象。

假设我们分别对美国本地学生、赴美留学生两个群组进行英语水平测试，得到了表 1 的结果。测试的满分成绩为 100 分，统计数据采用的是两个群组各自的平均分。当然这个案例中的数据都是虚构的，但是不影响我们的分析。

表 1　英语水平测试成绩统计

	1990 年	2010 年	成绩变化
美国本地学生平均分	90	94	+4
赴美留学生平均分	60	70	+10
整体平均分	84	82	−2

将 1990 年的测试成绩与 2010 年的数据进行对比，我们可以发现，美国本地学生和赴美留学生两个群组的平均成绩都分别增长了 4 分、10 分。从这个结果上看，大家可能都会同意下面的结论——两个群组的学生，在这 20 年间英语水平都得到了提升。

但是，别急着下结论，我们再看一下整体的平均成绩，可以看到 2010 年比 1990 年下降了 2 分。这个结果似乎和我们的理解不太一致，这中间到底是哪里出错了呢？

其实，这里面并没有什么错误，这种违背我们直觉的现象，在现实生活中也很有可能会出现。

在这个案例中，很重要的一点是要弄清楚接受测试的美国本地学生和赴美留学生的人数比重。为了方便计算，我们在这里把两个群组的总人数设定为 100 人。那么在 1990 年进行测试时，接受测试的美国本地学生应为 80 人，留学生为 20 人，这样就可以根据以下算式得出整体平均分为 84 分。

$$\frac{90\times80+60\times20}{100}=84$$

与此相对，在 2010 年的测试中，美国本地学生人数应当为 50 人，留学生也是 50 人，这样就能计算得出整体平均分为 82 分。

$$\frac{94\times50+70\times50}{100}=82$$

从英语测试的成绩来看，无论是 1990 年，还是 2010 年，结果都是“美国本地学生得分 > 赴美留学生得分”。从人数上看，1990 年的测试中，美国本地学生人数达 80 人之多，而接受测试的留学生只有 20 人。也就是说，1990 年的测试中，成绩较好的群组（美国本地学生）人数居多，成绩较差的群组（赴美留学生）人数较少。而到了

2010 年，成绩较好的美国本地学生群组人数减少到了 50 人，成绩较差的留学生群组人数增加到了 50 人。

所以，尽管两个群组的平均成绩在 20 年后的测试中都上升了，但这种上升幅度并没有抵消“成绩较好的群组”，即美国本地学生的样本人数减少所带来的影响，从而导致在整体平均分上，2010 年反而下降了 2 分（图 2）。

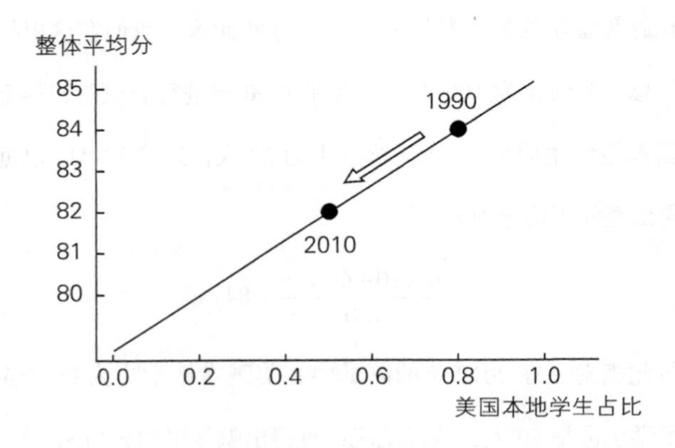

图 2　美国本地学生占比与整体平均分的关系

这个案例和前文中人均年收入的例子其实是同样的道理。如果我们把 1990 年两个学生群组的人数比重颠倒过来，即本地学生 20 人，留学生 80 人，就可以产生另一个看似矛盾的案例：两个群组的平均分都有所下降，但整体的平均分却呈现上升趋势。

关于新生儿体重的悖论

“新生儿体重悖论”是辛普森悖论研究中的一个重要案例。在对新生儿体重的统计上，究竟在哪些方面形成了悖论呢？悖论又是如何形成的？这将是我们接下来所要探讨的问题。

《美国流行病学杂志》[2]上曾经刊登过一篇关于新生儿出生时体重的研究论文。在该论文中，如表 2 所示，研究者把研究对象划分为 A、B 两组，A 组新生儿的母亲没有吸烟行为，B 组新生儿的母亲存在吸烟行为，然后对这两组新生儿的体重和死亡率进行统计和对比。在本书中，我们把 A 组称为“低风险群组”、B 组称为“高风险群组”。死亡率用“‰”，也就是千分率来表示，表 2 中给出的正是每 1000 名新生儿中的死亡人数。按照新生儿出生时的体重数据，以每 500 克作为刻度间距，我们将所有统计对象分为出生时体重小于等于 1000 克、1001 克～ 1500 克、1501 克～ 2000 克等多个范围。

表 2　新生儿死亡率

出生时体重（g）	A 死亡率（‰）（低风险群组）	B 死亡率（‰）（高风险群组）
1000	未知	175.0
1500	100.0	72.0
2000	42.0	30.2
2500	17.6	12.7
3000	7.4	5.3
3500	3.1	2.2
4000	1.3	0.9
4500	0.6	0.4
5000	0.2	0.2
5500	0.1	—

对所有数据统计分析之后，表 2 中呈现出了一个非常奇特的结果。无论在哪个体重范围内，高风险群组 B 的新生儿（这里指出生时存活的新生儿）死亡率都相对较低。排除掉表格中缺失的未知数据，可以看到，除了体重 5000 克这一档两个群组的死亡率是一致的，其他所有体重范围内，高风险群组 B 的新生儿死亡率都比低风险群组 A 低。如果从这个表象去解读的话，就意味着我们不得不接受一个看似荒谬的结论——母亲存在吸烟行为时，新生儿的死亡率更低。

众所周知，吸烟是对身体有害的行为。现在日本发行的《母婴健康手册》中也明确记载了孕妇吸烟行为对胎儿造成的风险。而且，即使是根本不可能怀孕的男性，吸烟也会对其健康造成不利影响，更不用说孕妇了。所以上文中这个结论是根本不可能成立的。

要解释这个结论，我们需要对数据进行更详细的分析研究，如表 3 所示。

表 3　不同体重的新生儿死亡率详细数据[3]

出生时体重（g）	A 组死亡人数	新生儿死亡率（‰）	B 组死亡人数	新生儿死亡率（‰）
1000①	0	—②	40	175.0
1500	40	100.0	630	72.0
2000	630	42.0	6230	30.2
2500	6230	17.6	24 100	12.7
3000	24 100	7.4	38 000	5.3
3500	38 000	3.1	24 100	2.2
4000	24 100	1.3	6230	0.9
4500	6230	0.6	630	0.4
5000	630	0.2	40	0.2
5500	40	0.1	0	—
合计	100 000	4.7	100 000	8.1

注①：列入统计的体重范围以每 500 克为刻度间距

注②：未知数据

从整体的统计数据来看，低风险群组 A 的新生儿死亡率为 4.7‰、高风险群组 B 则达到了 8.1‰之多。表 3 的分析结果验证了

“高风险群组 B 的死亡率相对较高”这一更符合我们直觉的认知。

将表 2 与表 3 对比，我们还可以从表 3 中看出一个事实：“原本高风险群组 B 的新生儿在出生时体重就偏低的概率较高。”而在表 2 中这一事实并没有相应数据。

如果我们把表 3 转换为示意图，就可以更明确地观察到这个特征。图 3 就很直观地反映出了两个群组中新生儿体重分布的情况。可以看到，新生儿出生时的体重与其死亡率之间，呈现出一种简单而稳定的关系，即图 3 上方的图中所示的两条平行直线。

图 3 下方的图中纵轴采用了对数坐标，每增加一个刻度相当于增加一个位数。通过采用对数坐标，可以使相差 10 倍甚至 100 倍的数据简单清晰地呈现在同一张图中。

通过进行这样的更精确的分析，我们可以推出高风险群组 B 被称为“高风险”的原因：

（因果关系 1）母亲存在吸烟行为

→ 新生儿出生时体重偏低的概率较高

（因果关系 2）体重偏低的新生儿死亡率较高

所以，“母亲存在吸烟行为时，该群组新生儿整体死亡率较高”这一结论也就可以顺势推出。如果没有意识到表 2 中关键数据存在缺失的话，正如“新生儿体重悖论”这个案例名称一样，得出的结论就会很荒谬，令人难以置信。

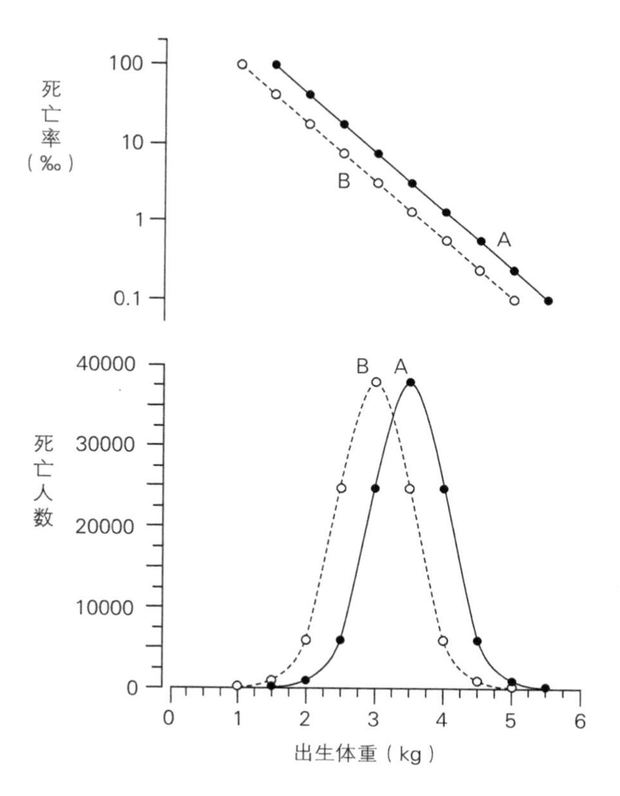

图 3　新生儿的体重与死亡率

种族歧视？逆向种族歧视？

在统计中引入其他要素而使分析变复杂的例子并不少见，比如下面这个。

有研究者对美国佛罗里达州凶杀案件的相关数据进行了调查，主要研究内容为死刑判决的比率与种族属性之间的关系。研究结果如表 4 所示，被告人的种族属性被分为了高加索人种和非洲裔，高加索人种就是通常所说的白色人种（但实际上肤色不一定都是白色的），而非洲裔一般理解为黑色人种。

表 4　死刑判决比率与被告人种族之间的关系

被告人种族	**死刑判决件数**	**非死刑判决件数**	**死刑判决比率**
高加索人种	53	430	11.0%
非洲裔	15	176	7.9%

摘自 A. Agresti (2002), Categorical Data Analysis, 2nd ed., Wiley, pp. 48–51.

根据表 4 的数据来看，死刑判决中，被告人为高加索人种时的比率明显要更高，达 11.0%。非洲裔被告人的死刑判决比率则只有 7.9%，两者差距达到 3.1 个百分点。这样看来，似乎是高加索人种比非洲裔被判死刑的概率更高一些，这个结果可能会有悖于公众认知，令一般人感到意外。在美国的司法判决中，陪审团拥有非常大的影响力，是否因为陪审团意识到对有色人种的种族歧视普遍存在，所以反而在判决过程中对白人有所歧视了呢？

要想得出合理的结论，还要对数据进行更为详细的分析。除了被告人的种族以外，对受害人的种族也进行调查分析，结果会

如何呢？（表5）

表5　引入受害人种族数据的分析结果

被告人种族	受害人种族	死刑判决	非死刑判决	比率
高加索人种	高加索人种	53	414	11.3%
非洲裔	高加索人种	11	37	22.9%
高加索人种	非洲裔	0	16	0.0%
非洲裔	非洲裔	4	139	2.8%

摘自 A. Agresti(2002), Categorical Data Analysis, 2nd ed., Wiley, pp. 48–51.[4]

研究人员发现，在加入“受害人”要素以后，分析呈现的结果大为不同。在被告人为非洲裔、受害人为高加索人种的案件中，判决结果为死刑的比率高达22.9%，是所有分类中最突出的。相反，当被告人为高加索人种，受害人为非洲裔时，死刑判决的比率竟然是0。

这种结论简单来说就是，一个白人杀一个黑人的话，不至于被判死刑；但当情况变为一个黑人杀死一个白人的话，最终就会有很高概率被判死刑。当两者的种族属性相同时，从数据中可以看到，相比黑人杀死黑人的案件，白人杀死白人的案件中被告人被判死刑的比率要高得多。从这个调查的结论来看，在美国司法审判的过程中，被告人有很大可能性会受到带有种族歧视的判决。

在整个分析过程中，如果只看表4的话，很容易误以为美国司法体系反而是对白人有种族歧视的。这就是因为缺少了“受害人种族”这一关键因素。

在本小节中，我们验证了群组划分所带来的奇妙现象。“平均值”“比率”的数字背后潜藏着更深层次的信息，一张简单的统计表不但不足以解释问题，反而可能会误导我们得出和真相完全相悖的结论。这些都是统计学的难点所在，但也正是统计学的有趣之处。

“平均”的日本人

4月28日

日本的经济状况暂且不论，现在我想研究一下日本国民的寿命情况。根据日本厚生劳动省的数据，目前日本男性平均预期寿命为80岁，女性为86岁。这远远高于世界上其他国家和地区的平均水平，因此日本是令人羡慕的长寿国家。而日本国民之所以能够长寿，秘诀就在于日本人的饮食生活非常健康，充分考虑到了各种营养的均衡。

话虽如此，但是在现实生活中，如果面对美酒美食都退避三舍的话，这样的人生未免太无趣。有一位数学家曾经说过：“约有一半的人在还没活到平均寿命之前就会死去。”所以据说这位数学家从来不戒烟戒酒。对我们大多数人来说，如果统计上反映的结果确实是事实的话，那么死亡已经是天注定，无论我们再怎么注意维护自己的健康，也是徒劳无用吧！

平均寿命与平均余命

按照这篇日记中的逻辑来看，如果平均寿命是 80 岁，那么在 80 岁之前死亡的概率应该有 50%。既然这样，那还节制什么呢？我们难道不应该赶紧享受人生吗？

为了更准确地理解这个问题，这里先给大家出一个小问题。

> 2010 年，日本国民中男性的平均寿命为 79.55 岁，女性为 86.30 岁[5]。那么在 2010 年这个时点，你估计自己还能活多少年呢？

你的答案会是多少？

以我自己为例，2010 年我写这本书时已经 45 岁。45 岁，对一个人来说，意味着人生的大半岁月已经度过，剩下的估计也就 35 年左右的时光吧。虽然期望是这样，但是现实是否会如我所愿呢？

从统计结果来看，日本男性在 45 岁时的平均剩余寿命是 36.02 年。看来我的感觉还差不多，这个数字和我自己估计的八九不离十，我的估算比统计结果仅仅少了 1 年。

那么，在平均寿命之前就已经死亡的人数，你能推算出来吗？

如果我们按照开篇日记中 X 先生的逻辑，那得出的结论就是："既然是平均值，那么在达到平均寿命值之前，就应该有一半的人会死亡吧！"

要判断这个结论是否正确，我们需要一些数据的支持。图 4 的寿命表（Life Table），就是汇总了平均寿命相关数据的重要资料。

年龄	生存人数	死亡人数	生存率	死亡率	死力（瞬时死亡率）	平均余命	生存总人口	
x	l_x	$_nd_x$	$_np_x$	$_nq_x$	μ_x	e_x	$_nL_x$	T_x
0 周	100 000	92	0.99908	0.00092	0.09375	79.55	1 917	7 955 005
1	99 908	11	0.99989	0.00011	0.01644	79.60	1 916	7 953 089
2	99 897	9	0.99991	0.00009	0.00170	79.59	1 916	7 951 173
3	99 888	7	0.99993	0.00007	0.00426	79.58	1 916	7 949 257
4	99 881	28	0.99972	0.00028	0.00347	79.57	8 983	7 947 342
2 月	99 853	19	0.99981	0.00019	0.00263	79.50	8 320	7 938 358
3	99 834	37	0.99962	0.00038	0.00197	79.43	24 953	7 930 038
6	99 796	43	0.99957	0.00043	0.00110	79.21	49 887	7 905 085
0 年	100 000	246	0.99754	0.00246	0.09375	79.55	99 808	7 955 005
1	99 754	37	0.99963	0.00037	0.00057	78.75	99 733	7 855 198
2	99 716	26	0.99974	0.00026	0.00026	77.78	99 704	7 755 464
3	99 690	18	0.99982	0.00018	0.00022	76.80	99 681	7 655 761
4	99 672	13	0.99987	0.00013	0.00015	75.81	99 665	7 556 080
5	99 659	11	0.99989	0.00011	0.00012	74.82	99 653	7 456 415
6	99 647	10	0.99990	0.00010	0.00011	73.83	99 642	7 356 762
7	99 637	9	0.99991	0.00009	0.00010	72.84	99 632	7 257 120
8	99 628	8	0.99992	0.00008	0.00009	71.84	99 623	7 157 488
9	99 619	8	0.99992	0.00008	0.00008	70.85	99 615	7 057 865

图 4　日本第 22 次寿命表统计（男性）

在寿命表中，除了常规的性别、年龄之外，还统计了年龄 x 岁的人在一年内的生存率、死亡率，以及平均余命（平均预期再生存年数，也叫平均期望寿命、生命期望值）等数据。在图 4 中，我们还能发现"死力"这样一个有点儿阴森恐怖的词，这个词其实是用来表示"某一年龄的人瞬间死亡的比率"。在表中可以看到，刚刚出生的婴儿，瞬时死亡率是最高的。但随着婴儿不断成长，瞬时死亡率不断下降。不过，从 10 岁左右开始，这个数据又将会再次呈上升趋势。

图 4 显示的只是部分数据。在日本厚生劳动省及日本国立社会保障和人口问题研究所的官方网站上，都公布了寿命表及其中专业术语的解释等资料，有兴趣的读者可以查询了解。

下面，我们继续分析寿命表。截取寿命表中男、女各 10 万人的各年龄的生存人数和死亡人数数据，并分成男女两条曲线，得出图 5 的示意图。

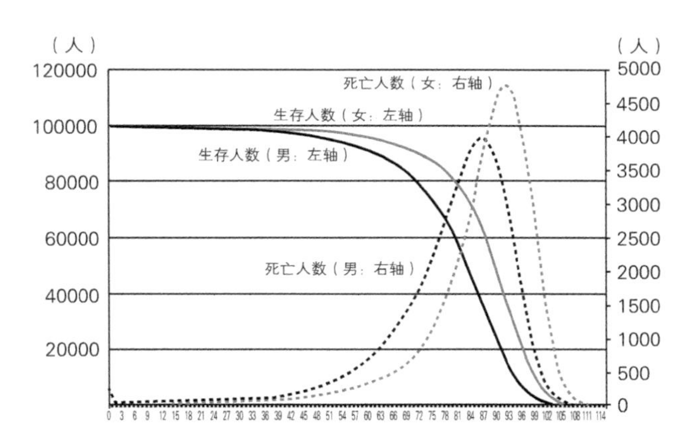

图 5　根据寿命表制作的生存人数及死亡人数曲线图

在图 5 中，左边的主坐标轴显示的是生存人数，右边的副坐标轴显示的是死亡人数，两个坐标轴的刻度相差很大。实线为生存人数曲线，虚线为死亡人数曲线。从图中可以看到，在接近 0 岁的年龄段，死亡人数曲线呈小幅上升趋势，这是因为新生儿的死亡率相对较高。

如前文所述，根据这张图所采用的数据，男性的平均寿命为 79.55 岁，女性为 86.30 岁。要查证在平均寿命之前死亡的比例，我们需要先看一下图中男性平均寿命，也就是横坐标为 80 岁左右时所对应的生存人数和死亡人数的情况。从图可知，年龄为 79 岁时，男性 10 万人中尚且生存的人数为 61 985 人；80 岁时，这一数字为 58 902 人，偏差不大。这样看来，一半以上的男性在平均寿命的年龄时都还活着呢！接着往下看，82 岁时，生存人数为 52 169 人，83 岁时为 48 550 人，数字到这里才下降到了一半。从实际数据来看，要到 82 ~ 83 岁，“半数左右的人已经死亡”这一情况才会出现。

根据女性的相关数据统计，也得出了同一结论。在女性平均寿命 86 岁的节点上，10 万人中的生存人数为 62 867 人，87 岁时这一数字为 59 134，很显然，女性的生存人数均达到了半数以上。89 岁时女性的生存人数为 50 771 人，90 岁时该数字下降到了 46 228 人。可见，在 89 ~ 90 岁这个年龄段，女性的生存人数才下降到一半。换句话说，半数以上的女性在 89 ~ 90 岁的年龄段之前就已经死亡。

这些分析的结论有点儿令人意外，因为**不管是男性还是女性，在到达平均寿命之前就已经死亡的人数都还不到一半**。在平均寿命的年龄节点上，大约六成的人都还活着，这一点通过观察图 5 的死亡率曲线也可以发现。在所有年龄段内，死亡率曲线整体偏向右半部分。也就是说，多数人的死亡年龄主要分布在高龄阶段。实际上，在达到平均寿命的大约两年后，才会出现半数左右的人已经死亡的情况。

平均余命逐渐延长

在解答完平均寿命的问题之后，这里还有一个关于平均余命的问题。

> 根据统计，日本 65 岁男性的平均余命为 18.74 年，65 岁女性的平均余命为 23.80 年。那么，在进行统计的这个时点，75 岁的人的平均余命是多少呢？

一般人应该会很自然地想到，如果 65 岁时剩下 18.74 年，那么 75 岁时，就应该从中再减去 10 年，也就是剩下 8.74 年。女性的话就应该是 13.80 年。这种算法听上去似乎很有道理，但事实却并非如此。

其中的关键就是要注意“平均余命”这个词的含义，即“某一年龄的人之后平均还能生存多少年”。也就是说，65 岁时的平均余命，其实也包含了在 65 ~ 75 岁死亡的人的剩余寿命（图 6）。

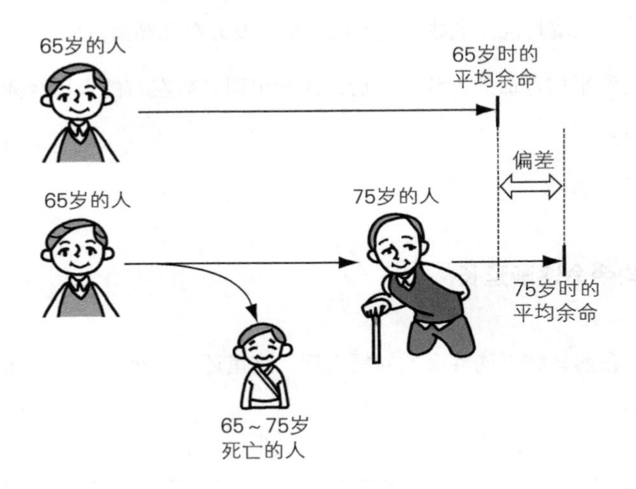

图 6　平均余命出现偏差的过程

如果考虑到这一点，75 岁男性的平均余命应该是 11.45 年，女性的平均余命应该是 15.27 年。

平均余命的机制是比较复杂的，单单以加减的方式进行计算，永远也搞不清楚。另外一个案例也能很好地说明这一点。

在 1891 年（明治二十四年）到 1898 年（明治三十一年），日本男性的平均寿命是 42.8 岁，女性为 44.3 岁。当时，40 岁的男性和女性各自的平均余命是多少？

这个例子中要求计算的是几乎已经达到平均寿命的人的剩余寿命还有多长。我们先来看一下 2009 年的简易寿命表，可以看到，80 岁的男性（接近当时男性平均寿命值），平均余命是 8.66 年。而 86 岁（也很接近平均寿命值）的女性，平均余命是 7.83 年。

而返回到明治时代，答案是 40 岁的男性的平均余命是 25.7 年，女性则是 27.8 年。怎么样，这个数字是不是比 2009 年类似情况的平均余命值要长很多？那么，产生这种现象的原因又是什么呢？

刚才通过图 5 我们得以确认，生存时间达到平均寿命的人在半数以上，大约占六成。同样，死亡人数的分布也绝大部分都集中在右侧的高年龄段。难道这就是现代人的余命比明治时代要短的原因吗？

不，冷静下来思考的话，就会发现这个逻辑很奇怪。现代人的死亡人数分布偏向高年龄段，是因为我们的平均寿命较之过去有了很大的提升，这一点并不能用来解释为什么现代人的平均剩余寿命比明治时代的人要短。那么，到底这种现象是什么原因导致的？

还是得从数据上找答案。这次我们对 1947 年（昭和二十二年）至 2005 年（平成十七年）的死亡人数数据进行统计，就可以得到图 7。

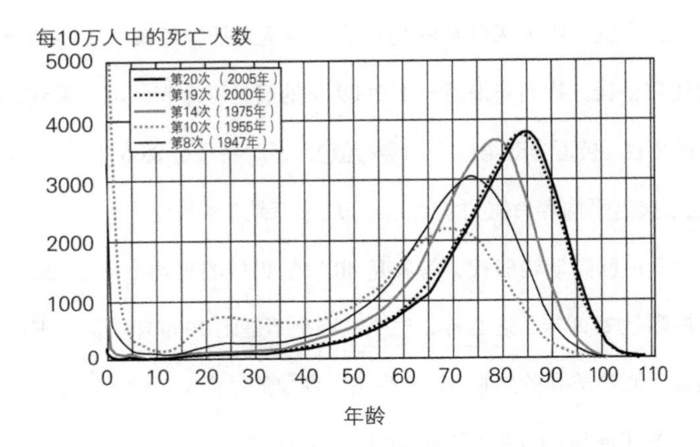

图 7 死亡人数的推移[6]

从图 7 中可以看到，在 1947 年的时点，0 岁左右的婴儿死亡数出现了一个峰值。比起现代社会，在明治时代，更多的新生儿在出生不久就不幸死亡。也就是说，这个生命最初的死亡人数的峰值，使得“0 岁时的平均余命”（平均寿命）这一数值大大降低了。这个发现告诉我们，在进行分析比较时，如果不从各个时代死亡人数的变化来看，就很难正确地掌握实际情况。

平均值这个概念经常容易被滥用，但是仅凭平均值这一个数据的话，极其容易弄错实际情况。

以上分析似乎有点绕，但是如果我们把这个分析过程用图 8 的形式呈现出来的话，理解起来就清晰多了。

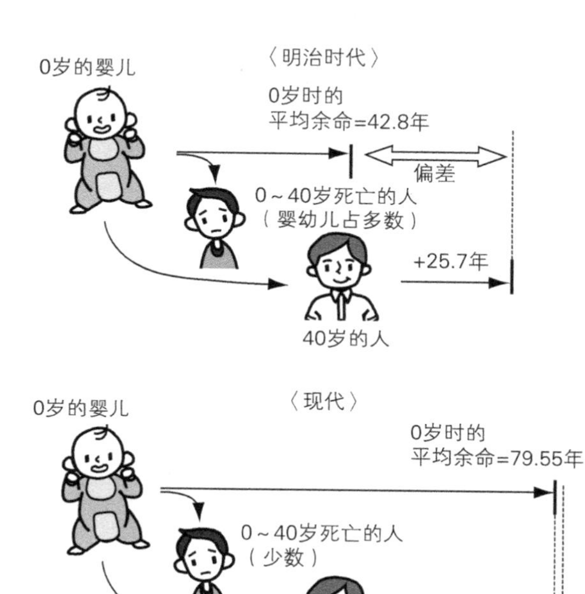

图8 时代的差异（男性）

在“比率的魔法棒”一节中，我们讨论了凭借不完整的信息而对整体做出错误的判断，也就是所谓“只见树木不见森林”的错误。而本节讨论的则是“只见森林不见树木”的错误，这方面的问题也是在实际工作和生活中要努力去避免的。

贝叶斯定理

5月7日

最近我感悟到，生活还是不能没有节制的。为了能够保持健康，活得长久，应该对自己身体状况的每一个细小变化都保持敏感。于是，事不宜迟，我马上给自己预约了一次体检。

而当我拿到体检报告时，发现在胃部X射线检查那一栏，竟然写着“需详细检查”。这是怎么回事？我马上上网去搜索了一下，发现实际罹患癌症的病人，在初期筛选检查时，有将近90%的人都被医生给出了“需详细检查”的诊断结论。这岂不是说我罹患胃癌的概率是非常高的？真让人忧虑不已。

癌症筛查中的“需详细检查”

如果你是X先生，那么当医生告诉你“需详细检查”时，感到焦虑是很自然的事情。实际得了癌症的病人，临床诊断为“需详细检查”的比率大约是90%。了解这一点之后，当你在检查中遇到类似情况时，就会感觉自己也有很大的可能是患上了癌症。事实是否如此呢？这件事生死攸关，因此有必要在这里好好论证一下。

说到“比率”，最常见的就是超市里的“降价30%”“八折大减价”等促销招牌。之所以超市经营者都采用这种表达方式，是因为顾客大都能够根据这上面的降价比例，计算出降价之后商品价格大约会是多少。虽然日常生活中我们很少意识到这一点，但是这件事反映出普通民众对“比率”这个数学概念的理解还是很到位的。这本身就是一件很了不起的事情。

不过，在比率的概念里，也有一些普通人很难搞清楚的计算方式。以计算盐水的浓度为例，假如让初中生来回答以下这个问题，想必给出的答案会五花八门。

> 问题：如果把100 g浓度5%的盐水，和400 g浓度3%的盐水混合，那么最终配成的盐水浓度是多少？

肯定有学生会把答案写成“4%”，他们的逻辑很简单，取5%和3%的中间值，那就是4%了。这个想法很容易理解，但是很遗憾，他们的答案是错误的。

正确答案是3.4%。计算过程如下。

首先计算盐水中盐的总重量，即$0.05\times100+0.03\times400=5+12=17\ \text{g}$。

其次计算盐水的总重量，即$100+400=500\ \text{g}$。因此，盐水的浓度为：

$$17\div500\times100=3.4\%$$

在这个例子中，单凭直觉是很难得出正确答案的。要得出最终的比率，必须经过周密计算。

这种比率的计算稍显复杂，但是还有较之比率计算更加复杂的，那就是概率。怎样理解概率？沿用上文中癌症筛查的例子，在这个例子中，有一个非常重要的、关于概率的数字希望大家一定预先理解清楚。这个数字就是被诊断为“需详细检查”的病人实际上真的得了癌症的概率。这个概念确实有点儿晦涩难懂。即使是搞数学的，如果不经过计算的话，也是搞不清楚的。我们还是以本节开头的X先生的日记为例，来阐述一下这个概率该如何计算。

首先，我们需要给X先生的故事再增加一些假设。

> 假设 1：每接受检查的 1000 人中，有 1 人实际罹患了癌症。
>
> 假设 2：罹患癌症的病人，在筛查时被诊断为“需详细检查”的概率是 90%。
>
> 假设 3：实际上并没有患癌，但因为在筛查时出现阳性反应而被要求进行详细检查，这种情况的概率是 10%。

类似这样，事件 A 在另外一个事件 B 已经发生的条件下的发生概率，就叫作“条件概率”。增加了假设条件以后，我们现在要解决的问题就变成：在被诊断为需详细检查的前提条件之下，该病人确实患了癌症的条件概率是多少。

在上述假设条件之下，现在可以来思考 X 先生患上癌症的概率了。先大致估算一下，大家觉得是高于 50%，还是低于 50% 呢？

如果完全凭直觉来看的话，应该是超过 50% 的吧。因为罹患癌症的病人，被诊断为需详细检查的概率是 90%；而没有患上癌症，却因为出现阳性反应而需要详细检查的概率是 10%。也就是说，只要诊断报告上出现“需详细检查”，就意味着有 90% 的概率是得了癌症……是这样的吧？当然，如果稍微冷静一会儿，你也可能会这样安慰自己：“不要紧，现实中应该也有一部分幸运的人，虽然医生也要求他们做详细检查，但是结果什么事情都没有。”然而，即使用这种乐观的想法努力让自己沉住气，但在这种生死攸关的大事上，一般人也还是难以安心吧！

在这些纷繁的思绪之中，你可能会在某个瞬间想到，既然这些数据都有，道理也都懂，那就赶快计算一下实际的概率好啦。但是，真实情况是，即使是数学的研究者，也不一定听一遍问题就能马上计算出来。所以，现在静下心来，我们来一步一步地认真思考一下。

出现阳性反应却未罹患癌症的概率

首先，我们将假设条件 1、2、3 拆解开来。

假设 1 中，每 1000 人中罹患癌症的病人只有 1 人，也就是发病率为 0.1%。从这个假设来看，罹患癌症的比例其实非常小。

假设 2 中，罹患癌症的病人被诊断为需详细检查，即化验呈阳性的概率是 90%。乍一看，这种表述很容易让人误以为是癌症病人被检查出来的概率很高。其实不然，认真读一下的话，这个假设条件其实说的是，**确实得了癌症的人**在初次筛选检查时，其诊断结果为需详细检查的概率是 90%。

假设 3 中，实际上没有患癌，但是却被误检出阳性反应，即假阳性情形发生的概率为 10%。

图 9 用树状图把这三个假设条件清晰地表现了出来。

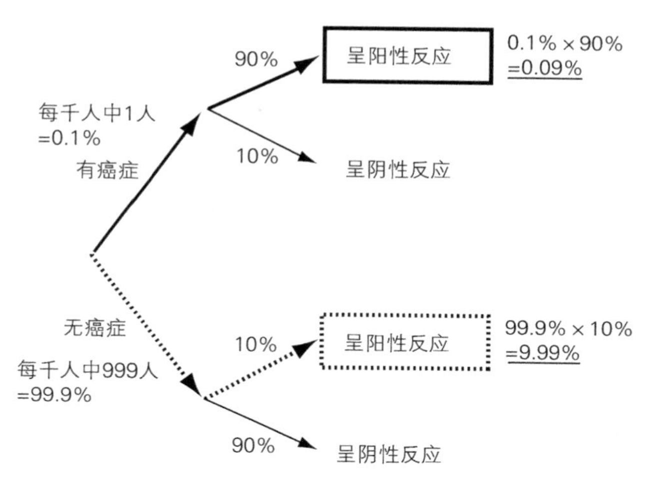

图 9　三个假设条件的关联图

根据图 9 的推理，确实患有癌症，并且化验结果呈阳性的概率，计算结果是 $0.1\% \times 90\% = 0.09\%$ 。而并没有得癌症，但化验结果呈阳性的误报概率是 $99.9\% \times 10\% = 9.99\%$ ，即“未患癌症的概率” × “未患癌症但呈阳性反应的概率”。

而化验结果呈阳性的概率，则是这二者之和，即 0.09% + 9.99% = 10.08%。在所有呈阳性反应的人中，实际罹患癌症的概率则约为 0.9%。计算过程如下：

$$\frac{0.09}{10.08} = 0.008\,928\,571\cdots$$

也就是说，X 先生患上癌症的概率，其实还不到 1%，比他预想的概率要低很多很多。看到这个还算令人欣喜的结果，X 先生应该能够松一口气了吧!

下面，我们再来参考一下现实生活中医学筛查的概率数据。由于年龄、地域、性别的不同，数据会略有偏差，不过胃癌筛查中确诊为胃癌的概率，即胃癌发病率大约为每 1000 人中有 1 人。而接受 X 光检查之后，诊断为需进行更详细检查的概率为 11% 左右。这样看来，现实中的概率数字和前面所举的例子基本上相同。

现在，再回到专业的数学领域，类似我们在上文中进行的这种逻辑推理方式，被称为“贝叶斯定理”。贝叶斯定理是为了逆转事件的时间顺序而提出的一个定理。一般的逻辑是从事件的原因推导出结论，而贝叶斯定理却恰恰相反，是从结论逆向推导原因。更具体地说，在概率的计算中，贝叶斯定理是从事件的结果来推算导致事件发生的原因的概率，而非一般情况下的从原因来推算结果的概率。比如前面的癌症诊断的例子中，我们的推导就是从结果，即诊断中呈阳性反应这一事件的概率，来反向推导出原因，即接受诊断的病人确实患有癌症这一事件的概率。贝叶斯定理的一般数学表述其实是更为简单的形式，但是其中蕴含的逻辑与此是一致的。

贝叶斯定理推导出的结论经常会让人觉得很意外，与自己的直觉判断大相径庭。比如 X 先生患胃癌的概率实际不到 1%，和他自己的猜测差距就很大，原因何在?

下面我们还是用胃癌筛查的例子来说明。这里我们把假设条件稍微变动一下。假定 n 年以后，胃癌筛查的医学技术已经取得极大进展，如果病人确实患有癌症的话，有一种检测方法确诊率可以达到 100%。这种全新的检测手段，其近乎完美的精确程度，是前面案例中的陈旧的胃癌筛查方式根本无法企及的。这种技术可以使患有癌症的病人，在化验时出现阳性反应的概率上升到 100%。而另一种情况，即没有患病但在化验时出现阳性反应的误报概率，仍然维持在与上文相同的 10% 的水平。

假设 n 年以后的我，接受了这个全新的胃癌检测，但是很不幸，结果呈阳性。那个时候的我，应该会很震惊吧！这可是精确度 100% 的检查啊，也就意味着我一定是患上了癌症，不是吗？

不要着急，在做出判断之前，最好还是像之前一样，画一个树状图来梳理验证一下，看自己的理解是否正确。图 10 的树状图就可以很好地帮助我们计算“诊断结果呈阳性的病人，实际确实患上了癌症的概率”。

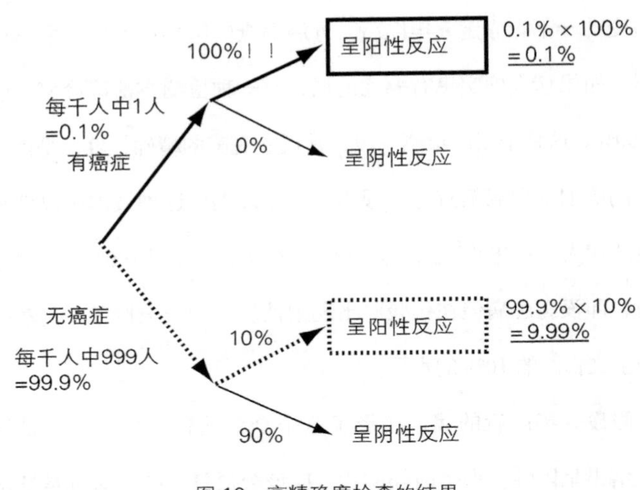

图 10　高精确度检查的结果

根据图 10 的推导，诊断呈阳性的病人实际患癌的概率可以如下计算：

$$\frac{0.1}{0.1+9.99}=0.009\ 910\ 802\cdots$$

结果为 0.99%，可以看到，这个数字也不是很大，还没到 1%。因此，即使采用了确诊率为 100% 的检测手段，并且计算得出的概率略高于之前的检测方法的 0.89% 的概率，但也还远远没有高到令人绝望的程度吧？

在这两个案例中，一般人的思维都很容易聚焦在“罹患癌症的病人化验结果呈阳性的概率”这个特定数字上，也就是前面所说的 90%、100% 这两个数字，因而容易得出错误的主观判断。但是，如果静下心来梳理逻辑，并进行周密计算的话，就会发现这个数字其实没那么重要。真正对结果有重大影响的数字，是并未患癌但化验结果呈阳性，即通常所说的假阳性的概率。这个概率也可以说是为了避免在检查时漏掉实际患癌的病人而允许的容错空间吧。在我们使用的例子中，这个数字是 10%。在算式中，这个数字的大小才真正对最终的概率数字产生了较大影响。

垃圾邮件过滤器

贝叶斯定理的原理很简单，但是在日常生活中的应用却非常广泛。最具代表性的应用例子就是垃圾邮件过滤器。利用贝叶斯定理来对垃圾邮件进行区分的技术，在计算机领域被称为“贝叶斯过滤器”。

一般的电子邮件归类的过程应当是这样的。当你收到一封电子邮件，贝叶斯过滤器就会根据对标题或内容的分析将其区分为“垃圾邮件”或者“普通邮件”。不过，有一些邮件虽然是认识的人发来的，但内容却是没有价值的“垃圾”，这类邮件也许你也会把它列为“心理性的垃圾邮件”。因此，在最早期的垃圾邮件过滤技术中，一定程度上还需要依赖人工辨别。

如果认真研究垃圾邮件的话，就会发现，这类邮件中大多数都包含一些特定的词语。比如，邮件的标题中含有“免费”这个词语时，可以认为这封邮件有很高的概率是商业推广的垃圾邮件。含有性暗示相关词语的邮件，也很有可能是垃圾邮件。类似这样，某些特定的词汇可以被视作区分垃圾邮件的特征。在本书中，我们把含有这类词汇的邮件简称为“特征标识”邮件[7]。

在这种情况下，垃圾邮件分类的问题就会转化为，在接收到的邮件带有特征标识的条件下，计算此邮件为垃圾邮件的概率是多少。这就和上文中癌症筛查的案例相同，变成了一个计算条件概率的数学问题。如果该条件概率值高于一定的预设基准值（如 90%），则该邮件可判定为垃圾邮件。常见的垃圾邮件过滤器的运行原理正是基于这一基本规则，将可疑度较高的邮件分类到垃圾邮件文件夹中。

在这个运行原理中，“90%”这个基准值被称为“临界值”。临界值的设置需要非常谨慎。如果这个值设置得过高，即使垃圾邮件的特征标识很明显，可疑度非常高，也有可能被漏掉；如果设置得过低，则特征标识度很低的邮件、稍微可疑的邮件也都有可能被分入垃圾邮件文件夹。

下面这个具体案例可以帮助我们更好地了解垃圾邮件过滤器的运行规则。

X先生的电子邮箱中，接收到的垃圾邮件的数量占整体的30%。其中，又有30%的垃圾邮件，其标题中包含有“免费”一词。而70%的正常邮件中，也有大约1%的邮件标题含有“免费”一词。

在这种情形下，如果X先生收到一封含有“特征标识”的新邮件（即邮件标题中包含“免费”一词），如何计算这封邮件确实是垃圾邮件的概率呢？同样，使用胃癌检测案例中的推理方法，可以绘制如图11的树状图，来帮助我们思考。

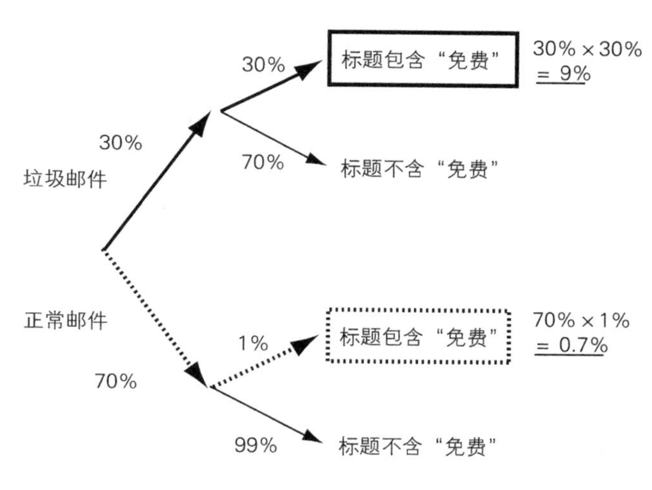

图11　垃圾邮件过滤器的运行逻辑

首先，计算确实是垃圾邮件且带有“特征标识”的概率，即30%×30%=9%。其次，计算不是垃圾邮件但也带有“特征标识”

的概率，即 $70\% \times 1\% = 0.7\%$。因此，X 先生收到的新邮件带有“特征标识”的概率，总计为 $9\% + 0.7\% = 9.7\%$。最后，我们可以求得：

$$\frac{9}{9.7} = 0.927\,835\cdots$$

即一封含有“特征标识”的新邮件确实是垃圾邮件的概率为 93% 左右。这样的话，假设临界值定为 90%，那么这个数字就高于临界值，因而可以将这封邮件归类为垃圾邮件。

最终，这个分类是否正确，还需要邮箱的持有人 X 先生自己来判断。系统根据使用者每次的判断结果不断纠正更新自己的数据库。与此同时，条件概率的计算过程中的相关数字也随之不断更新，这就是垃圾邮件过滤器的完整的工作机制。

人们在买彩票的时候，往往都怀揣一夜暴富的美梦，即使心底里明明知道这是一件概率多么小的事情，但还是会幻想自己中了头奖以后欣喜若狂的景象。一等奖奖金 3 亿日元！尽管现实中中头奖的概率极其低，但是看到这些颇具煽动性的数字，我们发热的头脑中往往就会不自觉地夸大自己中奖的可能，进而毫不犹豫地掏出钞票去买彩票。

“只关注个别的概率，而忽视了整体的概率”，这就是我们总是难以看清事物本质的原因。阅读完本节内容之后，当你再看到那些很具有煽动性的、夸张的数字时，请先冷静下来，去计算一下真正的概率是多少，相信你将极有可能得出截然相反的结论。

齐普夫定律

6月21日

四年一度的奥运会马上就要开始了！奥运会包括许多竞技项目，不过我最关心的还是男子100米短跑项目。这个项目会决出世界上跑步最快的人和第2快的人。而且另一方面，从统计学的角度来看，这个比赛中产生的数据也是非常具有研究价值的。

首先引起我关注的是男子100米短跑的世界纪录，我发现当下这一项目的最好成绩已经突破10秒，提高到了9秒多。而且第1名

和第 2 名的差距也很小，小到仅有 0.01 ~ 0.1 秒。但是在竞技项目中，这毫秒之间的差距，应该就是冠军奖牌归属的决定因素，也就是决定谁能获得“世界短跑第一人”称号的关键所在。

不仅是短跑，其他竞技项目也类似。比如美国职业棒球大联盟，顶级击球手的击球率大概都能达到三成以上，而他们相互之间也就只有 1% ~ 2% 的差距。

我想这种胜负仅在毫厘之间的残酷竞争，在体育以外的世界里也是存在的。不管在哪个领域，那些立于顶峰的佼佼者，他们与竞争者之间也仅仅存在很微小的差距。

不相上下？还是压倒性胜出？

在竞争激烈的体育竞技领域，胜负之差仅在毫厘之间。那么在日常生活中的其他领域，竞争情况又如何呢？和体育比赛一样，第1名和第2名成绩差距非常小吗？

怀揣这一疑问，我们找来了一些真实的数据进行测试。数据都来自一家提供电子邮件期刊（Email Newsletter）发行服务的日本网络媒体MAG2 NEWS。根据该公司公开的数字，我们制作了图12的电邮期刊订阅数量排行榜。其中，纵轴表示的是该公司的50种免费电邮期刊各自的订阅数量，横轴表示的是截至2013年5月12日的订阅量排行，从第1名到第50名。

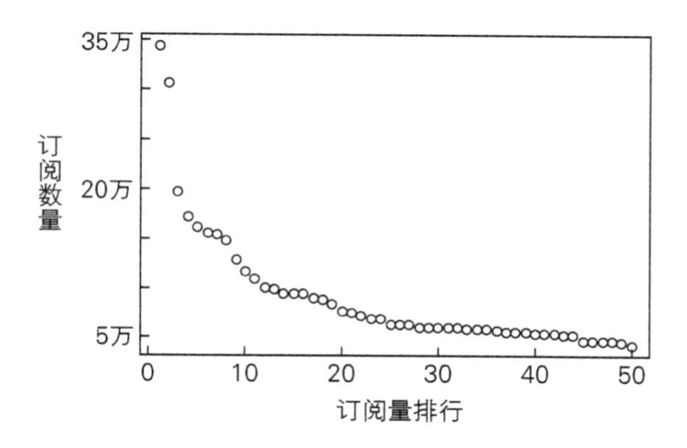

图12　电子邮件期刊的订阅数量与订阅量排行之间的关联

从图 12 我们可以看出，排行第 1 名的订阅量远超其他的电邮期刊。这个事实和我们之前预想的体育比赛中前几名不相上下的情况大不相同。而且，进一步观察可以发现，排名越靠下的电邮期刊，相互之间订阅量的差值就会越小。

当然，排名越低的电邮期刊，其订阅数量就越少，因此，形成的曲线必然是向下倾斜的。而且图 12 的这条曲线，粗略看上去与反比例函数曲线非常类似。在电邮期刊发行这个领域，排名靠前的那几个的订阅数量，为什么不像体育比赛那样差距很小呢？是什么原因造成的呢？接下来我们就再深入地探讨一下这个问题。

从双对数坐标图发现的定律

为了让读者更好地理解下文中的分析，首先我来讲两个专业术语，即“反比例函数”和“双对数坐标图”。

如何理解反比例函数呢？设面积为 24 的长方形长和宽分别为 x 和 y，那么我们就可以得到以下函数公式：$y=\frac{24}{x}$。用坐标图来表示的话就是图 13 中的曲线，也就是反比例函数曲线。

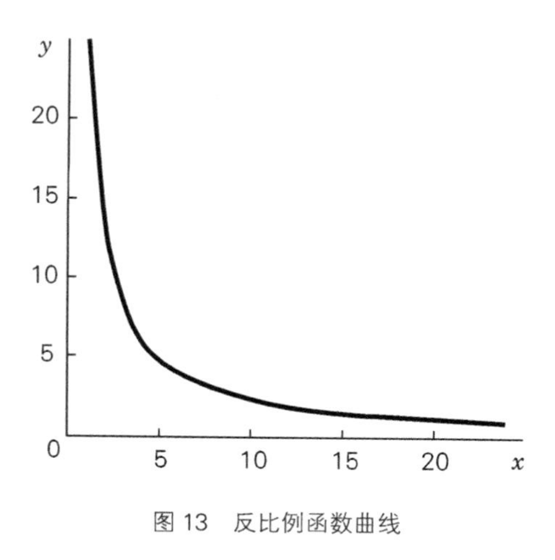

图 13　反比例函数曲线

如何理解双对数坐标图呢？如果把“对数”概念替换为“用位数来代表数字本身的形式”，就会更容易理解。比如，1000 可以用 10 的 3 次方来表示，在这里 3 就是 1000 的对数，可以用来代表 1000。3 再加上 1，也就是 10 的 4 次方，得出的结果是 10 000，4 就是代表 10 000 的对数。双对数坐标图，就是指 x 轴和 y 轴均使用对数作为刻度的情况下所形成的图像。

将图 13 的反比例函数曲线转换为双对数坐标图，我们就得到了图 14。可以看到，在图 14 中，反比例函数曲线变成了一条直线。这就表示，在图 13 中，x和y为非线性关系，在这里变成了明显的线性关系。这就是双对数坐标图相较而言在使用上的便利之处。

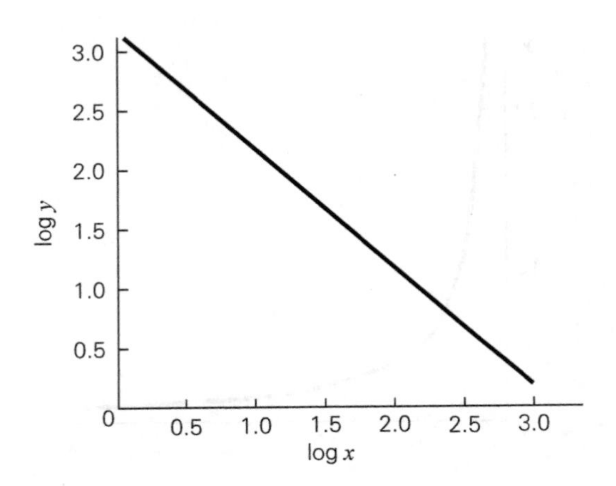

图 14　将反比例函数用双对数坐标图呈现的结果

图 13 表示的是 x 的 1 次方情形下的反比例函数曲线。而当我们将其用双对数坐标图表示出来以后，原来的曲线就变成了恰好“向下倾斜 45 度”的直线。如果增大指数数字，比如变为 x 的 2 次方，即 x^2，则反比例函数在双对数坐标图中形成的直线的倾斜度将会增加，即斜率变大，直线会更陡。相反，如果减小指数，倾斜度将会相应降低，直线更平缓。在观察双对数坐标图时，这种“直线的倾斜度”是很重要的一点。

对这两个数学概念有了基本了解之后，我们再回到电邮期刊订阅排行的话题上来。现在我们可以利用刚才学到的知识，绘制一张电邮期刊订阅排行的双对数坐标图，也就是图 15。

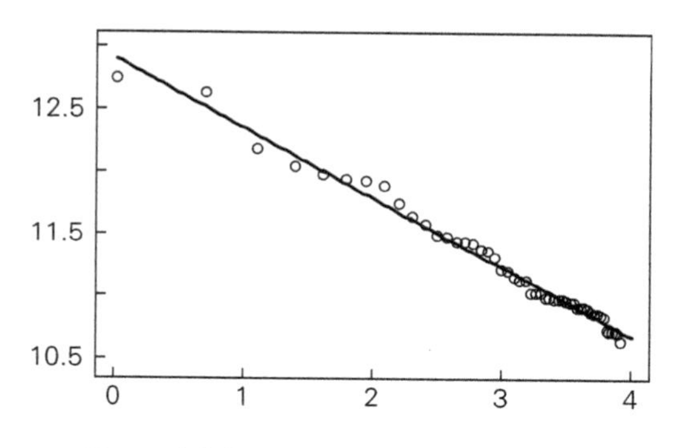

图 15　电邮期刊订阅量排行的双对数坐标图

这张图上点的分布已经非常接近于一条直线。计算这条直线的斜率，得出的数字为 –0.542 44 。用这个数字来表示排行顺位与该电邮期刊的订阅量之间的关系，可以得出以下公式 :

$$\text{电邮期刊的订阅量} = \frac{398\ 212.1}{\text{排行顺位}^{0.542\ 44}}$$

公式中，分子 398 212.1 表示的是排行顺位是 1 的时候，相对应的电邮期刊的订阅数量。当然，前提条件是所有的数据在双对数坐标图中的分布近似于一条直线。

用这个公式计算，当排行顺位数字增长 1 倍时，订阅量变为 0.686 608 7 倍。大致来看，这一规律似乎可以概括为："当排行顺位数字变为 2 倍时，相应的电邮期刊的订阅量是基准订阅数量的七成左右。"

我们总结的这个规律，虽然看起来似乎很有道理，但是论证过程可能还不是很严密。我们的统计数字里，不同的电邮期刊，其订阅数量应该是不相关的，也就是说，这些数字的产生应该是随机的。把这些随机产生的订阅量数字，按照从大到小的顺序排列，即便确实能观察到我们算了半天的这个所谓的“规律”，但好像也没什么值得大惊小怪的。因为排行越靠后，订阅数量也就越少。至于是不是七成，只能说有可能吧！

真的是这样的吗？如果我们随机挑选一些数字去操作一下，那么也会观察到同样的规律吗？实际试试看就知道了。

首先，从 1 到 1000 中“随意”地抽出 50 个数字。要注意，这里的“随意”的确切含义是从 1 到 1000，每个数字被抽中的概率都应当是相同的千分之一，也就是统计学概念中的“随机数”。不附加任何条件，从中抽出 50 个随机数之后，再将这些数字按照从大到小的顺序排列为第 1 位、第 2 位、……、第 50 位。然后绘制出如图 16 的算术坐标图，很显然，这也是一个向下倾斜的曲线。

如果用双对数坐标图表示呢？从图 17 中可以看出，与电邮期刊订阅量的曲线不同，这时显然不再是一条直线了。

原因是什么呢？最明显的事实是，随机数的值的大小，肯定不会受到其排序顺位的影响。也就是说，这些随机数的生成过程，和“排列在第几位”这个因素是完全没有关系的。

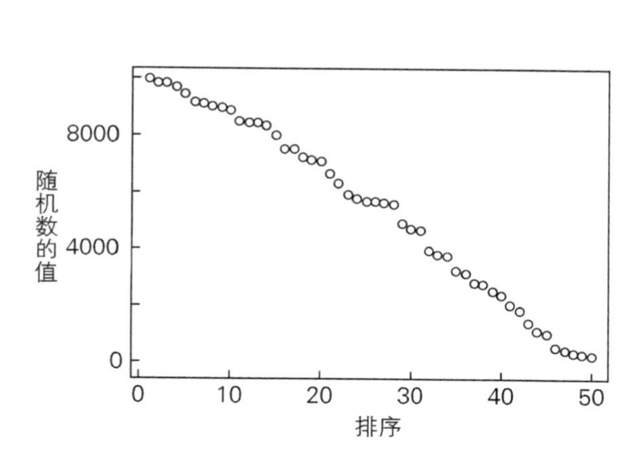

图 16　50 个随机数的分布图

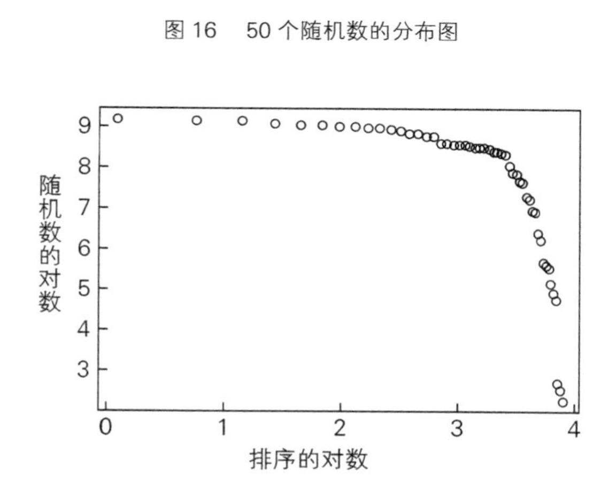

图 17　随机数排序的双对数坐标图

这样看来，单纯的随机数的排序和电邮期刊的排行性质还是有所不同的。换句话说，电邮期刊的情形下，订阅数量的值明显受到了其排行顺位的影响，才会形成不同的双对数坐标图。

而且，我们还可以观察到，在电邮期刊领域，也存在很明显的“赢者通吃”的现象。通过刚才的图，可以发现，订阅量第2名的电邮期刊，比第1名少4万份，而到了第3名，这个差距就高达15万份。第2名、第3名和第1名差的可不是一点点，应该很难在短时间实现超越。

不过，认真地思考的话，对于排行顺位与订阅量之间的关系，我们总结的这个规律，也许只是存在于电邮期刊领域的特殊情况。随机数的排序不就没有这种规律吗？在其他领域，这一规律也能得到验证吗？这种怀疑是很合理的，有待我们继续举例证明。

再论城市人口排名

这次，让我们再找一个完全不同的排名数据来验证一下。日本大正时代（1912—1926）的人口数据是一个很好的选择（表6）。

表6　1920年（大正九年）日本各主要城市人口统计

	城市名称	人口数量
	日本全国	55 963 053
1	东京市	2 173 201
2	大阪市	1 252 983
3	神户市	608 644

续表

	城市名称	人口数量
4	京都市	591 323
5	名古屋市	429 997
6	横滨市	422 938
7	长崎市	176 534
8	广岛市	160 510
9	金泽市	129 265
10	仙台市	118 984

大正时代的日本人口要远远少于现在，全国仅有约 5600 万人。人口数量排名第 1 位的东京市，虽然当时的辖区范围相当于现在的东京 23 区，但人口也只有 217 万人。这个数字仅相当于现在日本的长野县的总人口数。当时排名第 2 位的大阪市，人口规模则只有当时东京市的一半左右。如果要说这个人口分布与现代日本的相似之处的话，最明显的就是东京，从大正时代至今一直都是人口集聚地。

接下来，我们同样把这个排名用双对数坐标图呈现出来，就是图 18。

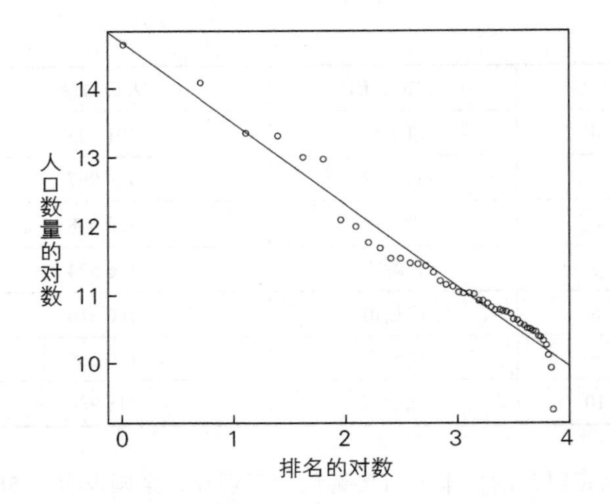

图 18　1920 年日本各主要城市人口排名（双对数坐标图）

如何？数据的分布还是非常近似于一条直线吧！这和电邮期刊的案例结果相同，双对数坐标图都近似于直线。以这个直线为基础，我们可以计算得出以下的公式：

$$城市人口数=\frac{2\ 231\ 222}{排名^{1.16134}}$$

数据在双对数坐标图中的分布近似于直线的情形下，分子 2 231 222 表示的是人口数量排名第 1 位的城市在此函数中相对应的数字。

从本节中我们所举的大正时代的日本人口以及电邮期刊的发行数量这两个例子来看，属于两个不同领域的完全没有相关性的数字，最终却可以从中挖掘出共同的规律。类似这样，在双对数坐标图中数据分布近似直线的规律，在数学界称为“齐普夫定律”（Zipf's Law）。齐普夫定律早已在众多领域得到了验证，相信很多人都听说过该定律。

例如，城市人口规模的齐普夫定律，也完全可以适用于现代城市。以截至 2013 年 4 月 1 日的日本城市人口规模的统计数据为例，我们将排名前 21 位的城市人口规模数字制成如图 19 的双对数坐标图，其中东京市自然还是排名第 1 位。

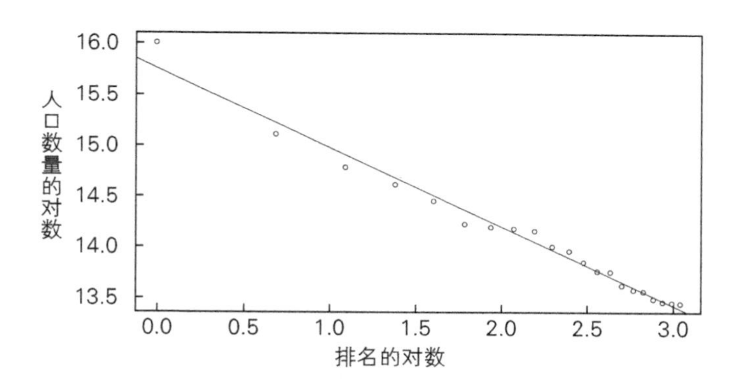

图 19　日本城市人口规模排名的规律

观察图 19 可以发现，这些数据在图中的分布仍然是近似一条直线。更详细地进行一下计算，可以得出如下的计算公式：

$$\text{城市人口数量} = \frac{7\ 101\ 027}{\text{排名}^{0.775\ 48}}$$

作为分子的 7 101 027，是数据在双对数坐标图中的分布近似一条直线时，排名第 1 位的城市人口数量相对应的数字。这个公式中呈现的关系，和我们在电子邮件期刊案例中发现的规律是类似的。在不同领域却有一致的规律性，齐普夫定律真是一个非常奇妙的定律啊!

当然，好的东西和好的地方，人们会相互介绍和推荐，从而使其人气更旺，电邮期刊和城市规模这两者的共同性，可能就在这一点上。除此之外，那些排名靠前的电邮期刊，大部分都是付费订阅，这种情况下仍然有这么多的读者，这件事本身就能说明这些期刊的内容是非常吸引人的。这一点也是促使更多读者产生订购行为的一个关键因素。大城市也是这样吧，因为大城市本身已经聚集了大量人口，所以消费更多，工作机会也更多，城市生活也更加便利；这一点反过来又吸引更多人口不断涌入，从而形成了一个正向循环。

介绍了这么多适用于齐普夫定律的不同领域的排名现象，最后，我还要提一下不是很符合这一定律的案例。

其中一个例子就是日本的市、町、村三个行政区划级别中，“町”级别的人口排名。同样，我们也引用相关数据（截至 2013 年 6 月）绘制一个双对数坐标图（图 20）。

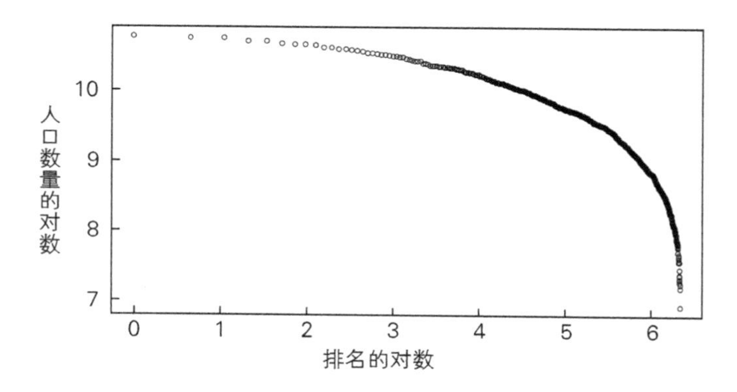

图 20　日本国内町级区划人口排名规律（双对数坐标图）

图 20 中数据的分布看起来不太像一条直线，而是一条曲线。当排名逐渐靠后时，曲线的斜率陡然增加，无法再向近似直线的方向靠拢。最终形成的这条曲线，更接近于前文图 17 中随机数排序的双对数坐标图，而不是齐普夫定律常见的直线图。

町级区划人口的排名现象，其背后可能蕴含着特殊的原因。比较合理的一个解释是，当町的规模小到一定程度以后，人们选择在哪个町居住就成为一个近似随机的行为。因而导致在町这样小的行政区划的人口排名中，出现了齐普夫定律不适用的现象。

前面谈了这么多关于齐普夫定律的例子，但是本文还没有解释清楚究竟齐普夫定律为什么会成立。实际上，在学术界，以美国著名学者赫伯特・西蒙（Herbert A. Simon）为代表的研究者已经进行过很多研究，但至今还没有发现能够证明其原理的方法。直到现在，物理学、经济学、计算机科学等领域的研究者还在不断挑战齐普夫定律的证明。

本书的各位读者朋友，如果有兴趣的话，不妨也试着一起来解开这个奇妙的谜题吧！

本福特定律

6月27日

6月26日，日本某主营手机应用及游戏软件开发的科技企业，因存在财务造假嫌疑，被证券交易监察委员会立案调查，监察委员会认为该企业“公示文件存在虚假记载”，违反了《金融产品交易法》。

最近，类似这样的大企业财务造假的丑闻屡屡见诸报端。这些企业通过人为修改财务数据，使最终公布的利润数字低于实际，从而达到逃税目的。而且像新闻中提到的这家企业，他们的财务造假行为，据说还得到了某大型审计公司的帮忙。在这种情况下，想要发现财务造假就会极其困难。

即使这样，税务机关还是成功窥破了企业的虚假粉饰，真是了不起。

不过，想要像这样揭露社会上存在的谎言，非得是那些经验非常丰富的人才能办到吧。一般情况下我都认为数学是无所不能的，但在这方面，我也不得不承认，数学知识似乎不太可能应用到会计管理中，去发现造假舞弊等行为。

数学也可以打击不法行为

在复杂的财务报表中，要想识别出会计的不正当操作，不是一件很容易的事情。更何况有的情况下，连会计师事务所这种负责纠正违法会计行为的财务审计机构都可能与企业沆瀣一气，结果导致企业的财务舞弊行为变得更加隐秘，难以被觉察。

针对这种现象，美国经济学家哈尔・范里安（Hal Ronald Varian）给出了解决方法。他在研究中发现，运用数学方法可以有效揭露企业中会计的隐秘造假行为。那么，他到底给出了什么样的灵丹妙药呢？

对于一般的非专业人士来说，阅读企业的财务报表是一件非常令人头疼的事情。财务报表中通常包含了各种财务数据，比如产品和服务价格就可能有几百种，这些基本数据经过加、减、乘、除又形成了如销售收入、成本、费用类、往来款项类等数据。这些数字看起来也是一样的杂乱无章，你我这样的一般人应该根本看不出其中有什么规律可言吧。

但是，哈尔・范里安则明确指出："这些数字是具有一定规律性的。"这个规律就是在20世纪20年代被发现的"本福特定律"，也称为"第一数字定律"。

当时，物理学家弗兰克·本福特（Frank Benford）在其研究中发现，人口统计数字、计算机内的文件大小数字，如 161 974、14 739、1980、1 476 820…首位数字是“1”的情形非常多，而 2、3、…、9 这些数字排在数据首位的比例是在不断降低的，数字越大出现的频率越低（图 21）。

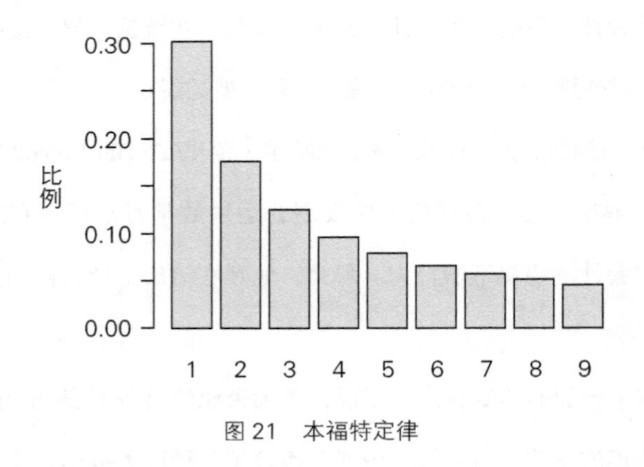

图 21　本福特定律

在范里安教授的研究中，正是把本福特发现的数据首位数字的分布规律，即“本福特定律”应用到了揭露企业财务舞弊的行为上。范里安教授指出，如果企业的会计数据经过了人为修改，那么本福特定律应该不适用于这些数据。利用这一特点，审计人员和监管机构可以通过统计该财报中数据首位数字的分布比例，并计算其与本福特定律中的比例之间的差值，从而判断企业是否有会计舞弊行为。

不过，先不要激动，冷静下来再观察一下图 21。有没有觉得哪里不对劲？比如到底为什么“1”排在数据首位的比例会这么多呢？其他情况也是如此吗？

为了解答这个疑问，我们需要进行一下验证。把整数中所有的 1 位数和 2 位数（也就是 1 ~ 99）作为一个数据组，我们来分析一下 1 ~ 9 各自作为数据首位有效数字出现的比例[8]，结果以图 22 的形式呈现。

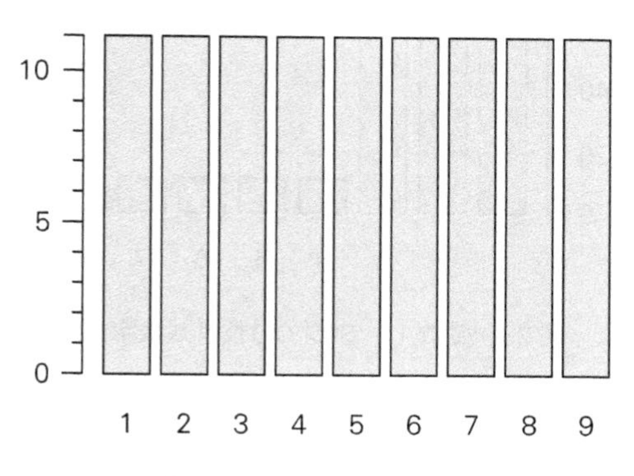

图 22　整数 1 ~ 99 的首位有效数字分布

可以看到，在图 22 中，每个数字排在数据首位的比例都是相同的。从 1 到 9，每个数字出现在数据首位的频率都是 11 次。仔细想一想确实也应该如此，如果对于排在首位的有效数字的范围没有任何限制，那么每个数字出现的比例确实是相等的。因此，在这个案例中，显而易见，本福特定律是不成立的。

那么如果我们扩大一下数据组的数据采集范围呢？情况会不会不一样？例如，我们可以统计一下整数 1 ~ 365 的范围内的首位有效数字的分布情况，结果如图 23 所示。可以看到，1 和 2 排在数据首位的概率远远高于其他数字，3 较之略低，但也大大高于 4 ～ 9 出现的概率。

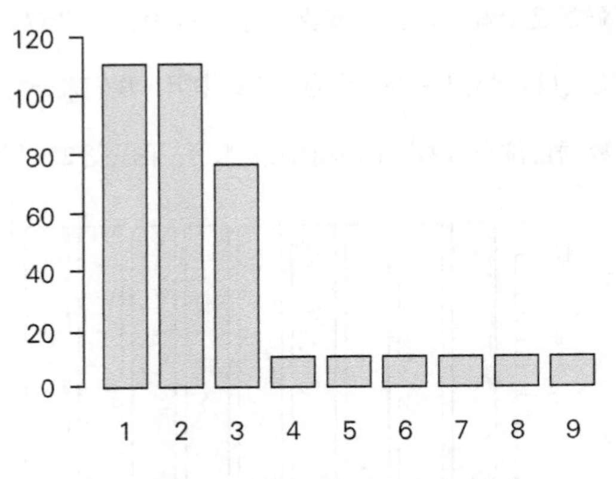

图 23　整数 1 ～ 365 的首位有效数字分布

这个分布情况和我们分析 1 ～ 99 的数据组时得出的结论是截然不同的。原因就在于这次测试中，我们其实对首位有效数字的范围进行了限制。在这种情形下，就会出现从某个数字开始概率急剧下降的情况（图 23 中是从数字 4 开始）。

这个结论显然与本福特定律也是不相符的。在本福特定律中，1 ～ 9 出现在首位有效数字的概率应当是逐步平稳下降，而在图 23 中，数字 4 ～ 9 出现的概率是相同的。

从这两个例子看，本福特定律也不是在所有情况下都适用。既然这样，范里安教授为何要选择这个定律来进行研究呢？他的决定似乎有点儿令人费解。

股价数字中存在的定律

为了理解范里安教授的研究，我们还需要更多的实际案例来验证。正好我手边有一份股票的收盘价格数据，于是就以此为样本又开始了新一轮的验证分析。如图 24，我选取的是 2013 年 5 月 24 日在日本东京证券交易所（简称“东证”）一部和东证二部上市交易的 3700 只股票（包括指数）的收盘价作为数据组，然后统计其中首位有效数字的分布情况，最终绘制了如图 24 的分布图。

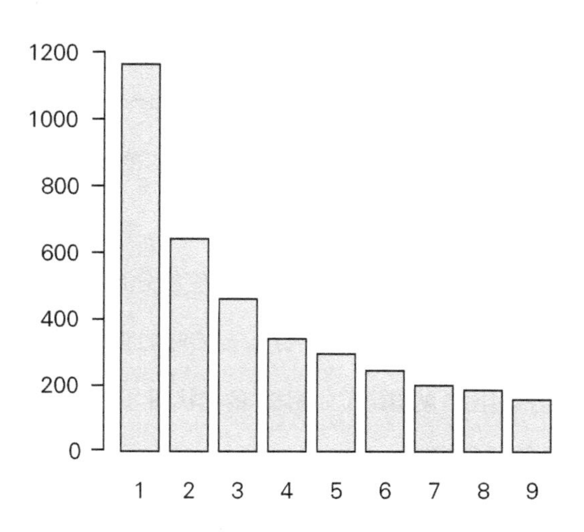

图 24　股票收盘价数据的首位有效数字分布（2013 年 5 月 24 日）

分析的结果令人惊异！我这次只不过是恰好手头有这个数据，所以抱着试试看的心态进行了分析。但是看到图 24，我都不禁要怀疑自己的眼睛了。在这个图表中，可以很清晰地看到，股票收盘价的首位有效数字中，1 ~ 9 出现的频率随着数值的增大而呈逐渐递减的趋势，非常接近本福特定律下的分布形态。

不过，这个结果还是有可能会受到质疑，不管从图像上看这个分布趋向和本福特定律下的分布有多么相像，但理论上真的和定律相吻合吗？我自己也抱有这样的疑问，所以必须实际验证一下。但问题来了，如何才能验证这个现象是否符合本福特定律呢？有哪些科学合理的方法吗？

答案是进行数字对比。将根据本福特定律预测的首位数字的分布，与实际案例中统计得到的首位数字的分布一一对比，然后从统计学的角度，分析两者的差值是否在可容许的范围内，最终就可以做出判断了。

将根据本福特定律计算得出的首位数字的分布（以下称为“理论值”，计算方法将在下文中详细说明），与实际的股票价格数据中首位数字的分布相对比，就得出了如图 25 的柱状图。

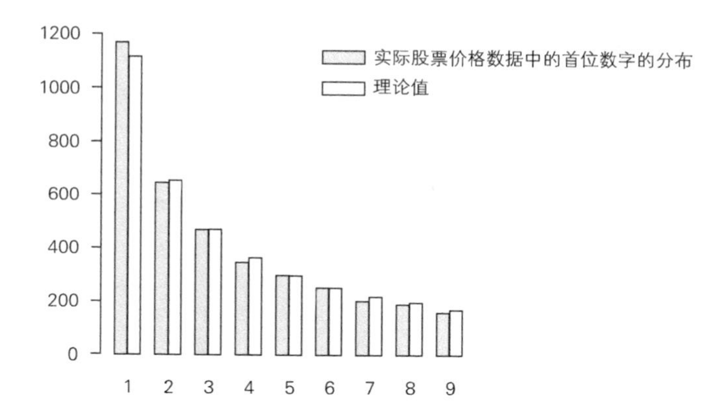

图 25 实际股票价格中首位数字的分布与本福特定律理论值

这张图也反映出，两种数据是无限接近的。虽然存在些微的差距，但是这些差值是否大到超出了可容许的范畴呢？要判断这一点，一般可以采用统计学中的“统计检验”的方法。

我马上使用统计检验[9]的方式进行了验证，结果显示“不能否定股价数据中首位有效数字的分布不适用于本福特定律”[10]。

这个结论可能有点儿拗口。一般人可能觉得直接说“适用于定律”不就好了，为什么还要这么麻烦呢？其实这是统计学中的一个原则。统计学本就是用来处理那些局部的、偶然发生的现象的，因此，一般不能直接给出诸如“一定是这样的”等绝对性论调。在这次的检验结果中，虽然使用的措辞较为模糊，但是实质上是肯定了两个数据对比的结果吻合度非常高。

虽然无法做出完全与定律一致的结论，但是这种高度一致的关系已经足够令人感到惊叹。在现实中，我们应该还能够挖掘出其他更多的适用本福特定律的案例。

素数中的本福特定律

素数是只能被 1 或者自己整除的整数。素数有无穷多个，100 万以下的数字中有 78 498 个素数。这一次，我们使用这些素数作为一个数据组，同样对首位有效数字的分布进行统计分析，结果如图 26。

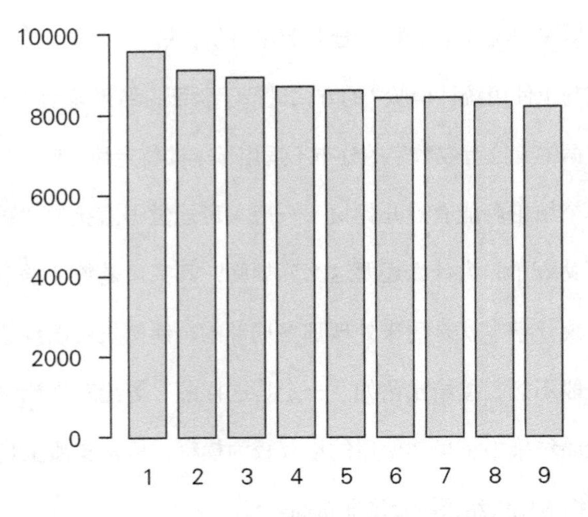

图 26　100 万以下的素数的首位有效数字分布

从图 26 中确实可以看到，数字“1”排在首位的频率是最高的，但是 1 ～ 9 每个数字排在首位的频率相差不是很大，而且可以说是更接近于平均分布，而不是本福特定律中的递减趋势。

这个结果是不是意味着本福特定律只是适用于极少数情况的一种规律呢？又或者根本就是本福特教授的一个错觉？

数学家卢克（B. Luque）和拉卡萨（L. Lacasa）在其 2009 年共同发表的论文《素数的首位有效数字的分布》[11] 中，对此问题进行了研究。他们在论文中提出，可以将本福特定律解释为是一个具有普遍适用性的定律的一种特定情形，而素数的首位数字的分布，就可以用这个更为普遍的本福特定律来说明。

这个说法有点晦涩，换句话说，就是我们可以把本福特定律区分成“一般本福特定律”和“古典本福特定律”两种不同类型。那么，怎样去理解这两个定律的不同之处呢？

卢克和拉卡萨认为，古典本福特定律更接近于一个反比例函数曲线（$y=\frac{1}{x}$），如图 27 所示。他们在论文中指出了两者之间的对应关系：“首位数字是 1 的概率等于图中坐标 1 到 2 之间的面积；首位数字是 2 的概率，则等于坐标 2 到 3 之间的面积……”通过调整设置，使全部的面积之和恰好等于 100%。

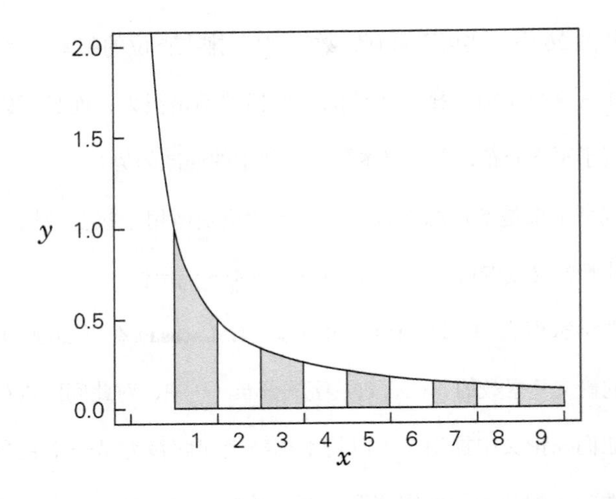

图 27　古典本福特定律

而与此相对，在一般本福特定律中，当反比例函数曲线变为 $y=\frac{1}{x^a}$ 时，上述对应关系同样成立。其中，当 $a=1$ 时，就是古典本福特定律。图 28 形象地说明了两个定律之间的关系。

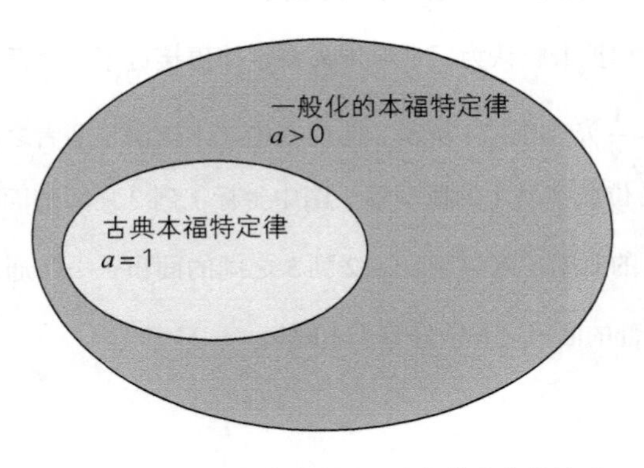

图 28　一般本福特定律与古典本福特定律的关系

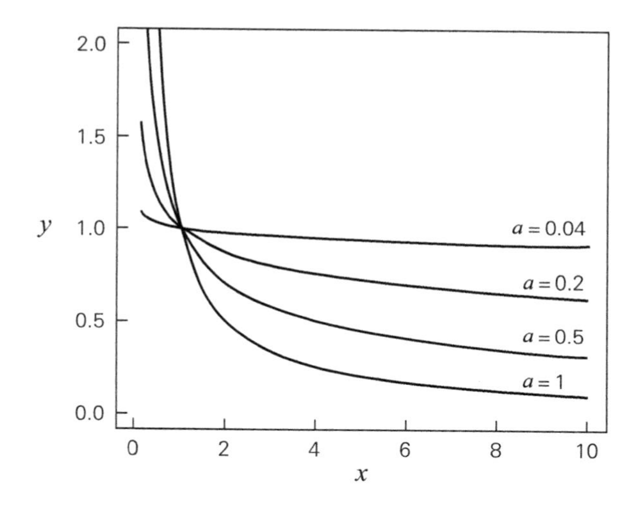

图 29　将本福特定律一般化

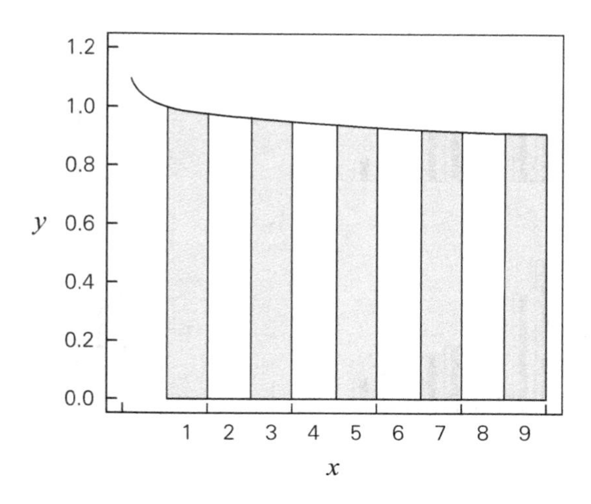

图 30　$a = 0.04$ 时的本福特定律

图 29 则描述了当 a 的值发生变化时，分布曲线的相应变化。可以看到，当 a 的值逐渐减小时，曲线是逐渐趋于平缓的。图 30 显示了 $a = 0.04$ 时的本福特定律。图中坐标数字对应的长方形的面积，就是该数字作为首位数字的概率。

根据这个理论，卢克和拉卡萨对更大范围的素数的首位数字的分布频率进行了统计。图 31 显示了该统计结果，以图（a）为例，黑色柱状图表示的是 10^8 以内的 5 761 455 个素数的首位数字的分布频率。与之并列的白色柱状图，表示的是一般本福特定律（$a = 0.0583$）的理论值。很明显，这两个数据具有惊人的一致性。

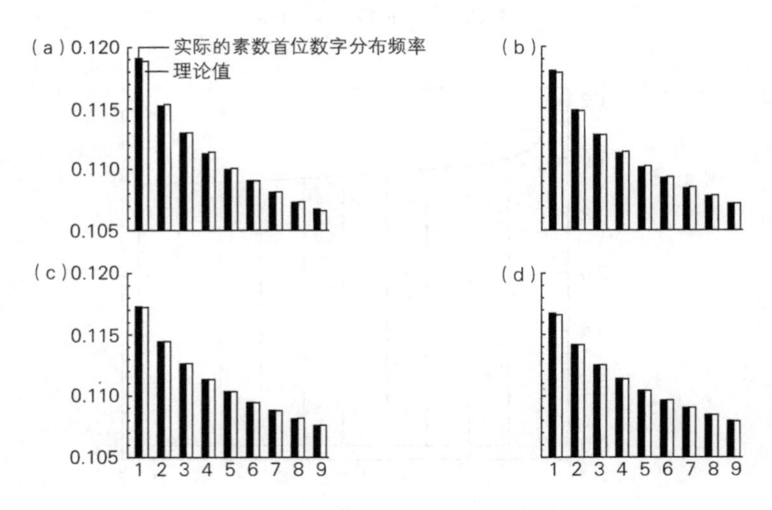

图 31　素数的首位数字分布（注意纵轴不是从 0 开始的）[12]

将素数的范围再进行扩大，也还是能够找到与之对应的一般本福特定律。图（b）中，素数的范围扩大到了 10^9，相对应地，$a=0.0513$ 时的一般本福特定律与之一致；图（c）中素数的范围是 10^{10}，对应 $a=0.0458$；图（d）中素数的范围是 10^{11}，对应 $a=0.0414$。可以发现，在这四种情况下，a 的值都有略微的差异，但最终与相应的素数首位数字的分布频率都非常吻合。

除了使用图形对比以外，在卢克和拉卡萨的论文中，同样采用了上文中我们在对比股价首位数字分布时使用的统计检验方法，对上述四种情形进行了检验。结果没有任何疑义地显示出了高度一致性。

自范里安教授初次提出可以将本福特定律应用于揭露财务舞弊行为之后，会计学教授马克·尼格里尼（Mark Nigrini）在 20 世纪 90 年代从统计学的角度说明了如何利用本福特定律揭露会计的造假、欺诈和逃税等财务舞弊行为[13]，并因此名扬天下。迄今为止，研究者们已经使用本福特定律进行了许多这方面的实践应用，这些都让人不禁感叹，当初范里安教授真的是独具慧眼！

第二章
颠覆直觉的概率

惊人的“同月同日生”

8月4日

在揭露税务舞弊方面，统计学似乎确实有用。仔细想一想，不仅是税务，在其他众多领域都有统计学知识的应用。例如，很典型的应该就是占卜。不过，不管是西方的占星术，还是东方的生辰八字，似乎都是基于算命对象提供的生日信息，推测当事人今后的命理。生日和企业的财务报表一样都是由数字构成的，这也就意味着我们可以透过数字窥破自己命运的走向，我理解的应该没错吧？

比如，有时我们会惊讶地发现："这两个人的生日是同一天啊！"好像因为这个巧合两个人的命运就有了必然的联系一样。我猜想在统计学领域，或者说就概率论而言，这也应当具有某种很重要的意义吧，毕竟这种情况在日常生活中并不常见。

生日悖论

每个人都有生日，我们偶尔会遇到与自己同一天过生日的人，这时，你应该会自然而然地产生一种亲近感吧。但是，果真是天意如此，让你们有缘出生在同一天吗？抛开这些浪漫的幻想，我在这里还是要大煞风景地说，让我们科学地计算一下概率再来回答吧。

那么，问题来了：

> 在某个班级里一共有23名学生。不考虑双胞胎、闰年等特殊情况，在这些男孩女孩中间，有2个人生日相同的概率是多少？

如果在班级里发现某个同学和自己生日是同一天，一般人还是会感到些许惊讶吧。毕竟除了闰年以外，一年中有365天，而偏偏两个人都出生在了同一天，就算是偶然，但要说没有一丝缘分的话似乎也说不过去。也就是说，在我们的直觉中，两人生日相同的概率应该是非常小的，这种缘分似乎并不常见。

但是，数学与生活又开了个玩笑，你认为不太可能的缘分，实际发生的概率要高达50.7%。

我们错了吗？这真不是一种特殊的缘分吗？

如果样本的人数增加，还会有更惊人的结果。比如 30 人的话概率是 70.6%，40 人的话概率是 89.1%，而人数达到 50 时，这个概率更是上升到了 97%。反之，如果减少统计的人数，比如，减少到 20 人时，生日相同的比例有所下降，但也有 41.1%，10 人的情况下也有 11.7%。这个数据就意味着，走在东京这样的大城市街道上，有着同一天生日缘分的人，应该满大街都是了。

为了让大家获得更直观的感受，我用图 32 把这些抽象的数字图表化。可以看到，在图中，代表生日相同的概率的曲线，是随着统计人数的增多而急剧上升的。

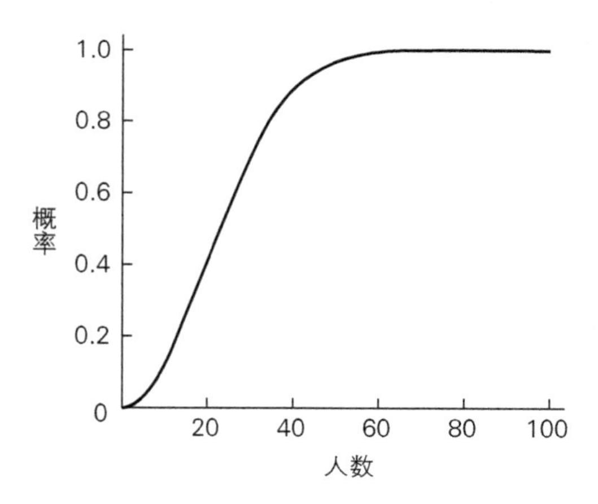

图 32　至少有 2 人生日相同的概率

上述这种现象被称为“生日悖论”（Birthday Paradox）。我们直觉上认为同一天生日是很少见的事情，但实际上发生的概率却是非常高的。正是因为理性计算的结果与日常经验产生了如此明显的矛盾，该问题才被称为“生日悖论”。

那么，是我们的直觉出错了吗？像“生日悖论”这样实际情况与直觉差异如此之大的现象，又为什么会发生呢？

要解答这个问题，我们需要先去计算一下另外一种特殊情形，那就是在包括自己在内的 23 人之中，存在与自己生日相同的人的概率。计算结果显示，这个数字不超过 6.1%。只有当样本人数扩大到 253 人时，这个概率才有可能会上升到 50%。这个结果应该不会令你讶异吧，是不是和你自己心里估算的也差不多呢？

其实，当我们看到“有人生日相同”时，下意识地会用“与我生日相同”去推测，而实际上“与我生日相同”的概率确实非常小。于是，直觉告诉我们，“有人生日相同”的概率也很小。

但是，“生日悖论”中真正的问题其实是 23 人中至少有 2 人以上生日相同的概率，而不论究竟是谁的生日。这与我们的直觉中预设的前提条件有着根本的不同。

可以说，直觉没有错，错的是我们没有正确地去理解问题。因此，当我们剥开直觉的谎言，看清事实的那一刻，才会觉得如此不可思议。

“同月同日生”的概率

生日悖论中概率的计算，看起来似乎很复杂，但过程其实很简单。

首先，让我们来考虑最简单的情况。假设只有 2 个人，如果这 2 人的生日是同一天，也就是说，都是 365 天中的某一天，那么这时生日相同的概率可以计为：

$$\frac{1}{365}$$

那么，当人数增加到 3 个人时呢？第一步要先计算一下这 3 个人的生日各不相同的情形有多少对组合，然后用所有可能的组合减去这个数字，就能够得出 3 人中至少有 2 人生日相同的组合有多少。

3 人生日各不相同时，可以计算得出，一共有如下这么多对组合形式：

$$365\times364\times363=48\ 228\ 180$$

而 3 人生日中所有可能产生的组合数量是：

$$365\times365\times365=365^3=48\ 627\ 125$$

那么，我们就可以得出，3 人中至少 2 人生日相同的组合数量是：

$$365^3 - 365 \times 364 \times 363 = 398\ 945$$

用这个数字除以所有可能的组合数量，即：

$$365^3 = 48\ 627\ 125$$

可得：

$$\frac{398\ 945}{48\ 627\ 125} = 0.0082\cdots$$

也就是说，3 人中至少 2 人生日相同的概率大约是 0.82%。

采用相同的计算方式，我们也可以得出人数为 4 人、5 人时，至少有 2 人生日相同的概率。而且，计算结果会如图 32 中的曲线一样，当人数较少时概率也比较低，当人数稍微有所增加，概率就会像坐了直升机一样迅猛蹿升。

一个人的生日一共有 365 种可能。我们可以把这个问题写成一般形式，即在有 n 种可能的情形下，要使至少有 2人生日相同的概率达到 50%，需要有如下的样本人数：

$$1.18\sqrt{n}$$

这个算式中，重点是采用了 $\sqrt{n}$ 的计算方式。采用开方形式的原因比较复杂，在正文中就不再赘述，有兴趣的读者可以阅读本书最后尾注[14]中的补充内容。一个重要的理由是，当 n 越来越大时，$\sqrt{n}$ 的值变化的幅度要远远小于 n 值的变化。比如，n 等于 100 时 $\sqrt{n}$ 等于 10，n 等于 10 000 时，$\sqrt{n}$ 等于 100。把 365 代入这个公式中，可得：

$$1.18\sqrt{365} = 22.5\cdots$$

当然，现实中不可能存在 22.5 人的情形，但是，这意味着只要样本人数超过这个值，存在相同生日的概率就将超过 50%。这个公式证明了，如果样本人数是 23 人，那么概率必定超过了 50%[15]。

这个公式的应用范围非常广，非常方便我们进行类似的计算。比如，我们把“生日”的概念替换为“出生月份”，就同样可以使用这个公式计算出生月份相同的概率。这种情况下，取 $n = 12$（月份数），则

$$1.18\sqrt{12} = 4.1\cdots$$

也就是说，当样本人数大于等于 5 时，存在相同出生月份的概率就将超过 50%（人数为 5 时套用公式计算，实际得到的概率数字超过了 60%）。而在现实生活中，我们的第一感觉应该绝不会认为有这么高的概率吧。

这个公式还可以用来计算“月份不同，仅出生日期相同”的概率。每个月的实际天数有所不同，为方便计算，在这里我们都大致

计为 30 天，则计算可得：

$$1.18\sqrt{30} = 6.5\cdots$$

也就是说，只要样本人数达到 7 个人，存在仅出生日期相同的概率就将超过 50%。

除此之外，只要将这个公式稍加变形，其应用范围就将得到延伸。比如计算出生日期虽不一致，但非常接近的情形，如“至少有 2 个人出生日期仅间隔 1 天的概率”。如果样本人数同样设为 23 人，可计算得出这个概率是 88.8%。比较一下就会发现，这个数字比起出生日期完全一致的概率要高很多。这就意味着，如果身边某个人和你的生日非常接近，那这件事一点都不稀奇，也并不是什么有缘无缘的问题。

“你不是你”的概率

一旦大家理解了生日悖论背后的原理，可能就会觉得这个理论也不过如此，只是用在一些趣味性问题的计算上罢了，没什么太大用处。这样想的话你就大错特错了，时至今日，生日悖论中揭示的事实已经发展成为非常深刻的问题了。

例如，现在的智能手机、笔记本电脑、银行的 ATM 等高科技设备中，广泛引入了指纹识别、指静脉识别等生物识别技术。这些技术都是企业或者银行为了提高用户账户的安全性而采用的。这种方式等同于把用户自身作为解开账户的“一把钥匙”，这种钥匙不用担心遗忘或丢失，也不能在物理意义上交给他人使用[16]。

生物识别的精确度也相当之高。衡量该精度的指标是错误接受率（False Acceptance Rate，简称FAR，也叫认假率），也就是把他人的、不应该匹配的生物特征信息当成与用户本人匹配的信息。目前市面上的产品，FAR在十万分之一到百万分之一之间[17]。实际上该类产品已经能够实现更高的精确度，但是如果FAR精度过高，也就是匹配成功的筛选条件过于严苛，也会出现另外一种极端的情况，即“错误拒绝率”（False Rejection Rate，简称FRR，也叫拒真率）将会上升，可以通俗地理解为“把应该匹配成功的用户本人特征当成不能匹配的他人特征”。从实用性的角度出发，FAR应该是非常低的，也就是通过提高匹配成功的筛选门槛，从而实现产品的高精确度。

这种生物识别技术精确度非常高，但是随着其数据库规模的不断扩大，也逐渐浮现出了另外一个非常棘手的问题。这个问题的元凶就是我们本节内容的主角——生日悖论现象。

这两者怎么就联系起来了呢？要理解这其中的关联，我们需要先从另外一个角度去分析生日悖论现象的本质。

假定还是在一个有 23 名学生的班级，当我们把这些学生两两分为一组时，一般的做法是先随意找出一名学生，然后计算他和剩余的其他学生能组成多少个组合，这个例子中是 22 组。考虑到部分组合中 2 名学生只是换了一下先后顺序，这样可能产生的总的组合数量应当是：

$$\frac{23\times 22}{2}=253$$

在 253 对的组合中，和自己生日相同的人出现的概率也许比较小，但是这么多组合之中，其中一人和另一人生日相同的概率应该是非常高的。这也就是为何在“生日悖论”理论中，存在生日相同的组合的概率较高。

理解了这个分析过程之后，让我们再来考虑生物特征识别的情形。假设现在有一个数据库中记录了 10 000 人的生物特征信息，那么这个数据库中有信息记录的人，两两可以组成的组合数量，大约为 5000 万对（$10\,000\times 9999/2$）。当组合数量达到这个量级的时候，还有可能在某次匹配中出现错误，把不同特征判定为同一人吗？

答案是这种错误匹配几乎肯定会发生。

概率计算的结果显示，即使错误接受率仅有百万分之一，只要其数据库的样本数量达到 1180 人[18]，那么发生错误匹配的概率就将超过 50%。这个结论的推理过程，可以参照图 33 的公式及说明来理解。

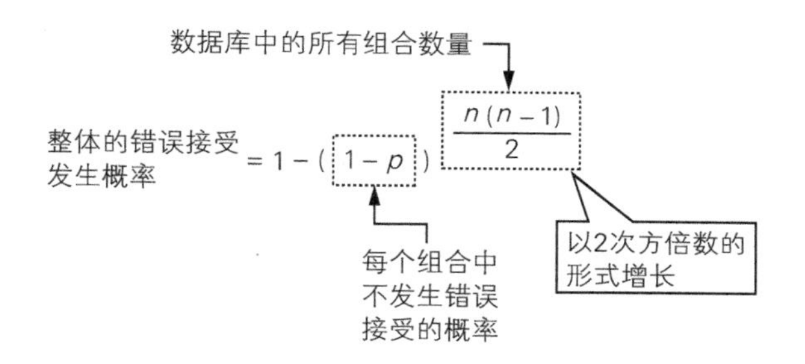

图 33　错误接受发生概率上升的机制

在这里，我们假设每个组合中，发生错误接受的概率是 p，上面的例子中，这个概率等于百万分之一。那么，每个组合中，不发生错误接受的概率即为：

$$1-p=0.999\,999$$

这个数字已经可以视作几乎等同于 1，只比 1 小那么一点点。

假设数据库内记录有 n 个数据，则可能的组合数量即为 $\frac{n(n-1)}{2}$，那么，整个数据库不发生错误接受的概率，即为：

$$(1-p)^{\frac{n(n-1)}{2}}$$

当 $n = 10\,000$ 时，$1-p=0.999\,999$ 相乘 $\frac{n(n-1)}{2}$（指数）次，即约 5000 万次[19]。

经过这 5000 万次乘法运算，即使原来的 $1-p$ 这个数字多么近似于 1，最终的乘积也会接近于 0。那么，返回到图 33 的完整公式 $1-(1-p)^{\frac{n(n-1)}{2}}$ 中，当 $(1-p)^{\frac{n(n-1)}{2}}$ 约等于 0 时，公式的结果，也就是数据库整体上发生错误接受的概率也就约等于 1。

而且，进一步来说，我们谈论的并不是仅有 1 组错误匹配的这种程度的问题。通过计算可以得出，10 000 人的数据中，预计会有近 50 组发生匹配错误。也就是说，在数据库中，存在将近 50 对组合，会把本该不匹配的他人特征识别为与用户匹配的特征。

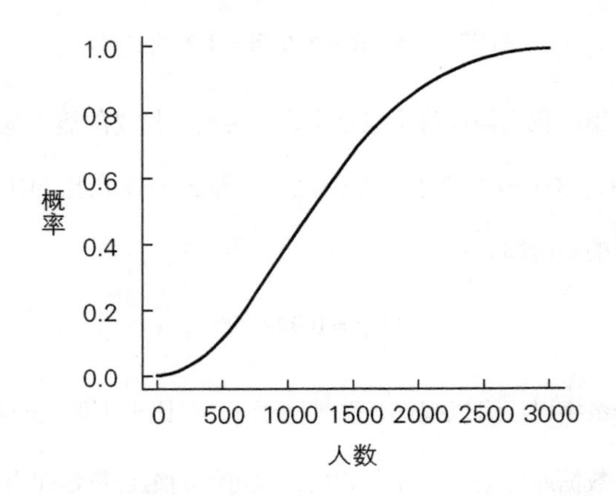

图 34　错误接受率为百万分之一时，出现错误匹配的组合的概率

随着未来技术不断进步，生物识别技术的精确度有可能提高到错误接受率仅为亿分之一的程度。但是，即使在这种情况下，只要数据库记录的人数达到了 11 800 人的水平，将不同特征判断为同一人物的组合出现的概率也就将超过 50%。

由此可见，即使生物特征识别技术使得企业、银行的用户身份认证的精确度大大提高，但因为这个无法避免的缺陷，这种技术还是无法适用于存在大量样本的情况。

DNA 鉴定的陷阱

除了上述的手机、ATM 用户识别之外，“生日悖论”现象还引发了更加严峻的问题。

美国 FBI 等机构已经建立了庞大的犯罪嫌疑人电子数据库。数据库记录了嫌疑人在犯罪现场遗留的指纹、血液以及监控摄像头拍下的照片等数据。这其中也包括采集的 DNA 数据，这些信息都是以电子档案的方式保存的。数据的检索对比简便快捷，而且准确度也非常高。

不过，数据库技术、规模的发展也带来了一些问题，一些研究者也针对这些问题发出了警告。法医学 DNA 指纹鉴定的发明者、英国遗传学家亚历克·杰弗里斯爵士（Sir Alec John Jeffreys）就是其中一员。这些研究者所担忧的，正是“生日悖论”现象。

DNA 是一种将人类的遗传信息以碱基的形式排序的双螺旋结构。DNA 中包括了人的全部遗传信息，因此，除了同卵双胞胎以外，不存在两个人完全一致的情况。DNA 存在于人体细胞之中，血液、骨骼、牙齿、带毛囊的毛发、指甲的残片、烟头、指纹、嚼过的口香糖等，所有这些带有人体细胞的东西，都可以提取DNA样本。

说到这里，大家可能觉得排除掉同卵双胞胎的特殊情形，根据DNA鉴定的结果，应该可以精确分辨每一个人。“和犯罪现场遗留的头发DNA鉴定结果一致，你就是凶手！”这种情况下，会让人觉得嫌疑人已经在劫难逃，在铁证面前只能束手就擒。

不过，由于犯罪现场遗留的毛发等证据并不一定属于犯罪嫌疑人，所以鉴定结果为一致时，也有可能弄错人。但是，假设这样的错误根本不会发生，在一个凶杀案现场，只留下了犯罪嫌疑人和受害者的DNA信息，那么这种情况下，是不是DNA鉴定就万无一失呢？

答案是否定的，即使这种情况下也有可能会发生错误。原因就在于，DNA鉴定过程中，实际上并没有调查所有的**碱基序列**。这主要是因为在目前技术条件下，调查所有的碱基序列需要耗费巨大的时间和资金成本。

2010年日本发行的《警察白皮书》公布了当时日本警察采用的15种STR基因座的检测方法中，同一DNA出现的概率为4.7万亿分之一。但是日本学者和田俊宪在其论文“遗传信息、DNA鉴定与刑法”（发表于《庆应法学》第18号，2011年）中指出：“如果以这个概率为基础进行计算的话，那么地球上的全体人类，或者说日本全部国民中DNA一致的组合不存在的概率非常低，几乎可以认为这个数字是0。”也就是说，**在DNA鉴定结果中，将两个人错误地判断为同一人的情况，几乎可以肯定是存在的**。

我计算了一下当这种情况出现的概率超过50%时，样本人数大概是256万人，相当于大阪市的人口数量。

从2004年起，日本政府就启动了DNA数据库的建设项目，到2013年1月，数据库中的样本数量仅有34万多份。不少人可能会觉得这个规模远远低于256万，应该不太会产生多大的问题。

但是，我们还是不能掉以轻心，因为在规模更小的数据库中，也曾经发生过DNA“偶然一致”的大问题。

在美国的马里兰州，截至2007年1月，该州的DNA数据库共收录了大约3万人的信息。这个数字比256万整整少了2位数。但即使这样，实际上该地区也出现了不同人的DNA被判定为一致的事件[20]。

上文提到的《警察白皮书》中公布的概率是4.7万亿分之一，但这不过是理论上的数字，现实中的概率可能要远远大于这个数字。

在信息安全的教科书中，必定会有一部分是关于“生日悖论”理论的。我想这应该包含了两重用意。首先，对于将要从事信息安全工作的人来说，“生日悖论”是他们必须要理解的一种现实现象。

其次，是要告诫学习者，即使是日常工作中经常接触数学的研究者，在准确把握概率上，也很难做到万无一失。“生日悖论”现象告诉我们，仅凭自己的直觉估算概率是不可取的，运用数学知识认真计算非常重要。

飞镖游戏之谜

8 月 27 日

这两天因为要出差，我乘坐了一次飞机。结果不巧那天出行的人特别多，多到额定搭载 500 人的喷气式客机，一个空座都没了。“飞机这样重，会不会掉下去呢?”旅途中无聊的我突然想到。

回来以后我赶紧上网查了一下，发现其中一个网页是这样解释的[21]:“日本人的平均体重大约是 58 kg，如果满载 500 人，则总重量为 29 000 kg(即 29 t)。如果乘客中有高于平均体重的人，那么总重量就有可能超出，反之也有低于平均体重的乘客。这些乘客的体重总和到底是多少，这其实是一个概率的问题。粗略估算的话，乘客总重量会有 95% 的概率在 29 t±270 kg 的范围内。”

根据这个解释看来，270 kg 这个浮动的误差值还不到平均总重量的 1%(290 kg)。这里就蕴含着一个重要的规律：随机数字的总和，与其期望的算术平均值×数字的个数的乘积是近似相等的。在数学领域中，“平均”这个概念在无论什么样的场合都能适用，将其称为数学理论中的“万能武器”也不为过。

大数定律

在X先生所述的案例中，所有乘客的体重总和的误差还不到整体重量值的1%，这其实已经是一个很高的精确度了。看上去似乎不那么让人信服，但事实就是如此。每个人的体重都不尽相同，有的人比较胖，有的人则偏瘦。“平均值”就好比物理学中的“重心”，在样本人数足够多的情形下，超重的人对平均值的拉高程度和体重较轻的人对平均值的拉低程度，大致是一样的。

这个分布趋势，可以套用概率论及统计学中著名的“吊钟形”分布，也就是正态分布理论来计算。在体重、身高、考试分数等的统计中，平均值都可以作为代表整体水平的数字。学校教育中之所以反复强调关于平均值理论的学习，也是基于它的这一特性。

那么，平均值是不是“万能武器”呢?

答案是否定的。世界上没有这么完美的事情。平均值无法作为“万能武器”，是因为并非所有情形中都存在平均值。

体重的统计稍显复杂，接下来我们先从最常见的掷骰子的例子开始说起。

掷出骰子后，骰子会在桌面上翻滚数次，最后停在一个固定点数上。我们记录下每一次掷出的数字，慢慢就会发现骰子的点数几乎每次都不相同，也没有明显的 1、2、1、2、1、2、1、2、1、2 等规律。点数显然都是毫无规律的。

如果掷 100 次骰子，记录下得到的点数，有可能会是这样的：

5 4 1 2 3 3 5 6 6 4 4 1 2 1 2 1 2 6 4 5 1 6 6 5 4 4 5 1 3 5 3

6 6 6 2 1 4 5 4 1 3 6 5 5 4 5 4 2 3 1 2 1 3 2 2 5 3 5 6 5 4 5

6 4 5 1 3 1 2 2 6 6 5 3 2 5 5 4 1 3 3 3 4 5 3 1 4 1 1 6 4 5 2

3 1 4 6 5 5 3

尽管粗略一看这些数字不规则，但如果投掷足够多的次数，并计算所有点数的平均值，就会发现点数实际的平均值将无限趋近于预期的平均值。这就是数学界赫赫有名的“大数定律”。“大数定律”是一项非常重要的事实，也可以说是概率论的基本定理。需要补充的是，这里所说的“平均值”，准确的称呼应该是“样本平均值”。因为掷骰子得到的点数是统计的“样本”，而这个值是取这些点数的平均。如果统计中的样本对象、样本数量发生变化，样本平均值也将有所不同。在这个案例中，样本平均值的计算结果为 3.59，而期望的理论平均值为：

$$\frac{1+2+3+4+5+6}{6}=3.5$$

可以看出，这两个值已经相当接近了。

让我们再来验证一次，现在重新开始掷骰子，假设这一次我们得到了以下这些点数：

2 2 1 5 2 6 3 3 6 4 4 2 1 1 3 3 1 5 4 6 6 3…

这次我们不再将数字全部相加然后取平均值，而是从左边开始，按照递进次序分别计算到该点数为止的平均值，具体如下：

$$2,\ \frac{2+2}{2},\ \frac{2+2+1}{3},\ \frac{2+2+1+5}{4},\ \frac{2+2+1+5+2}{5},\ \cdots$$

这些平均值将会呈现怎样的趋势呢？我们可以借助计算机进行模拟运算，统计投掷 1000 次之后得到的 1000 个不同的样本平均值，结果就将得到如图 35 的分布曲线。

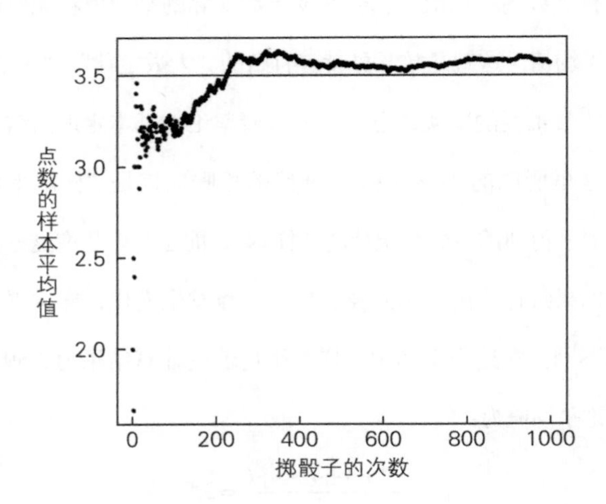

图 35　大数定律的形象化表现

从图中可以看出，在最开始的时候，样本平均值未必一定接近 3.5。但是，随着投掷次数不断增加，这个值就将逐渐趋近于 3.5。而且，这个趋近的方式并非平缓爬升，而是投掷的次数越多，样本平均值越向 3.5 这个期望值靠拢。这条曲线是对大数定律的形象化呈现。放在教科书中的话，大数定律可如下表述："当样本数量足够大时，样本平均值将逐渐趋近于理论上的期望平均值。"

虽然这个规律已经成为数学领域的一个重要定律，但却不太会像其他鼎鼎大名的数学定律一样，让人觉得有多了不起。这是因为这个定律所描述的现象，在日常生活中比比皆是，你问一个根本不知道概率论的人，他也能给你说个差不多的答案。大家甚至可能会觉得，花费精力去证明这么浅显的一个道理，数学家们该不会是闲得无聊了吧。

当然不是。不论是大数定律还是其他定理，数学定理的成立必须有一定的前提条件。数学家们是不会给出未附带前提条件的结论的。

同样，大数定律的成立，也有预设的前提条件。这个条件就是——期望平均值是确实存在的。

这也许又让人摸不着头脑了，期望平均值的存在难道不是理所当然的吗？怎么还可能没有呢？数学的世界中可没有这么简单，确实会有"不存在期望平均值的情况"。

无法“平均”的世界

什么样的情况不存在期望平均值呢？飞镖游戏就可以让我们体会到这种特殊情况。飞镖游戏的玩法是，每位选手站在直径为 30 cm ~ 40 cm 的飞镖盘前，按照规定的距离投掷飞镖，最后根据投掷结果计算选手分数。

现在找一些人进行飞镖游戏，选手以靶心为目标投掷飞镖，然后按照飞镖实际落入的飞镖盘分区来计算选手得分。我们可以想象，飞镖高手的话，最开始的几次投掷应该就能正中靶心，但大部分人估计只能投中靶心以外的周边区域吧。按照这种情况来假定，飞镖盘最后的结果应该会是像图 38 那样。

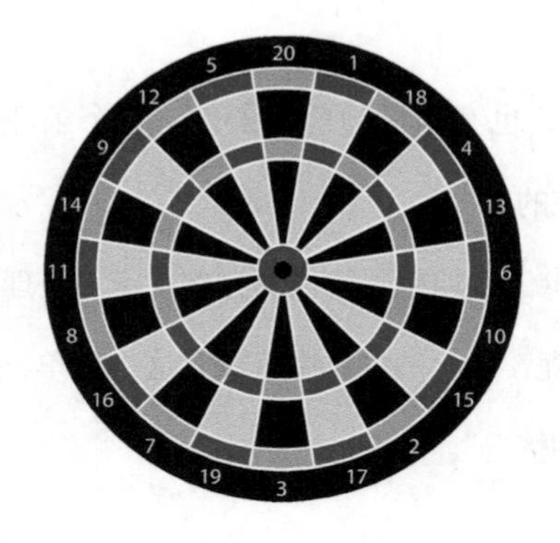

图 36　飞镖盘

图 37　飞镖

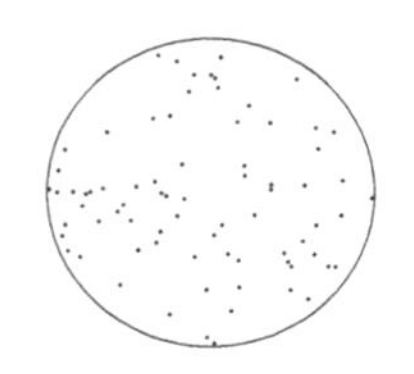

图 38　飞镖投中的飞镖盘区域记录

图 38 中已经排除了飞镖未中靶的情况。仔细观察，会发现有些投出的飞镖恰好扎入了飞镖盘的边缘，不过这种情况并不会对我们研究的问题产生本质性的影响，所以可以把这些也都算成是中靶记录。

现在我们来观察一下飞镖偏离靶心的方向[22]。如图 39，以靶心为原点建立平面坐标轴，将飞镖的击中点与靶心原点相连作一条直线，该直线与坐标轴横轴的垂线相交于一点，将该交点到横轴的距离（高度）设为 x，然后我们可以计算所有飞镖击中点相应的 x 值。

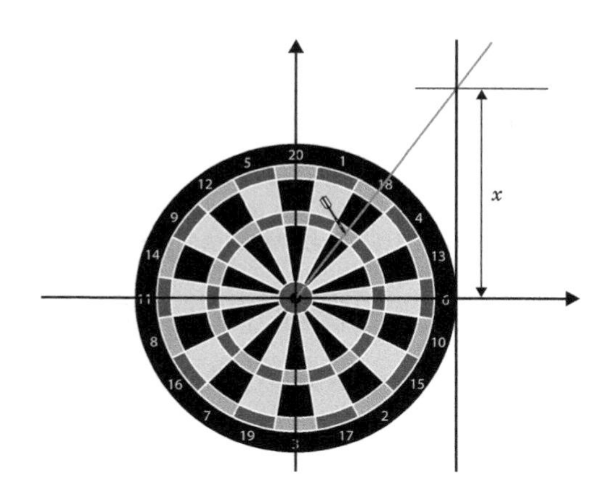

图 39　记录偏离的方向

这里有一点需要注意，即 x 值的区间是负无穷到正无穷。

当投掷足够多的飞镖时，x 值的分布情况会如何呢？图 40 用柱状图[23]的形式呈现了 100 次模拟飞镖投掷的结果。在这个柱状图中，横轴把 x 的值按照每 20 划分为一个区间，纵轴表示的是投掷结果处于这些区间的总次数。

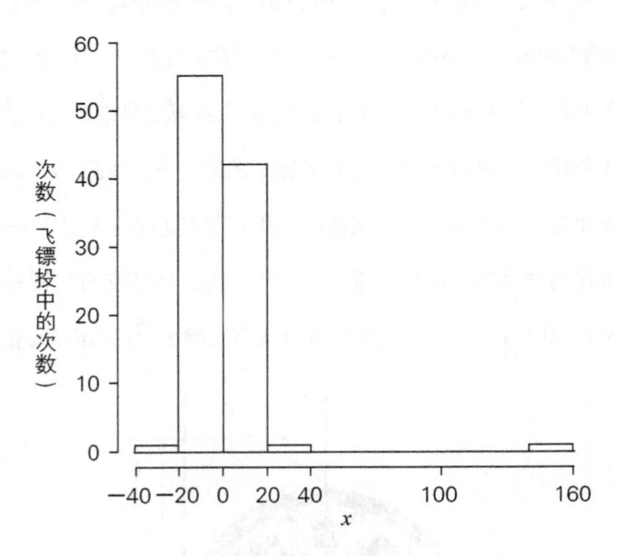

图 40　100 次飞镖实验结果中 x 值的分布（模拟）

观察图 40 可以发现，x 的值接近于 0 的情形占大多数，这个结果其实并不是偶然的。这次模拟中所有 x 值的分布形态，可以用一个数学理论来解释，那就是如图 41 所示的曲线。

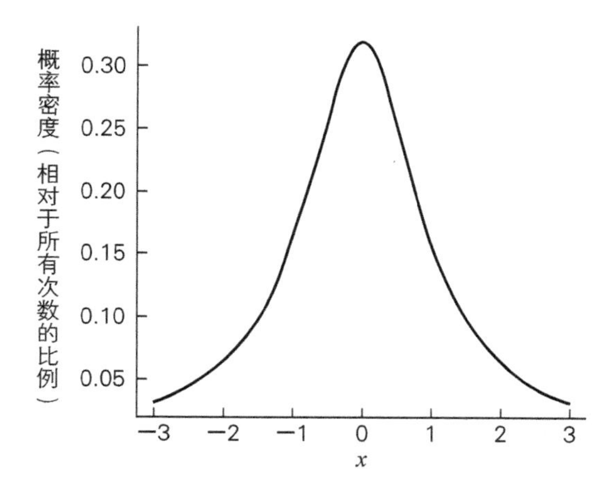

图 41　柯西分布的一个例子

这条曲线是左右对称的，而且在 0 值附近达到了峰值。这种分布形态在统计学中被称为“柯西分布”（Cauchy distribution），“柯西分布”是以它的发现者命名的。

乍一看，柯西分布和正态分布的曲线非常接近。如果这么像的话，那么是不是意味着柯西分布中的样本平均值也可以算作 0？早在十多年前，我和一个研究计算机科学的朋友就聊到过这个问题。当时他的反应也是：“这种情况下，平均值不应该也是等于 0 吗？”

尽管连专业人士都这么认为，但是我还是要重复一遍，不，在这个飞镖游戏中，“平均值”是不存在的。

概率论中有这么一段广为人知的关于大数定律的表述：“只要存

在有限的平均值，大数定律就能够成立。”[24]也就是说，在大数定律不成立的情形下，平均值就不存在。理论上虽这样说，但是要让我马上举出一个大数定律不成立的例子，还是有点难度的。

那就还是回到飞镖游戏，如果重复进行飞镖投掷，样本平均值会发生什么变化呢？我们假设不停地投掷飞镖，并记录相应的x值，然后依次计算并记录新投掷后的样本平均值，其结果最终如图42所示。

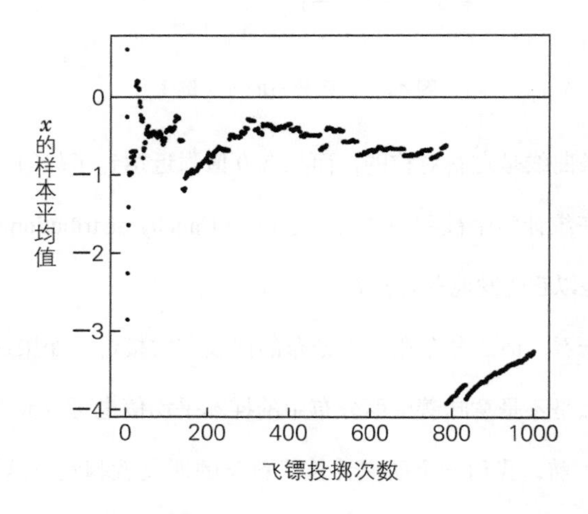

图42　飞镖游戏中x值的样本平均值的变化趋势

该图中横轴表示的是飞镖实验的次数，纵轴为x的样本平均值。可以看到，有一些值非常接近0，但有时样本平均值也会突然降低，大幅度偏离0。

如果我们把 x 的值排列在一条直线上，原因就非常明显了。如图 43 所示，虽然大部分的值都集中在 0 附近，但在负值的方向上也分布有非常大的 x 值。如果出现了这种极端偏离的值，就会大幅影响样本平均值，使样本平均值陡然下降。

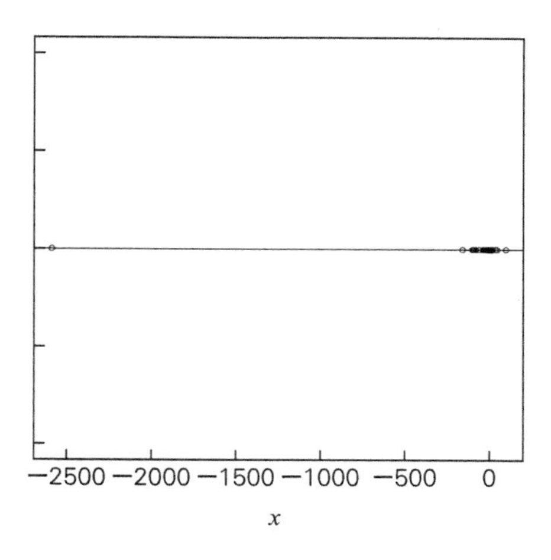

图 43　飞镖实验（1000 次）中的 x 的值

这种情况在前面的掷骰子的游戏中是不会发生的，因为骰子最大数字是 6，最小数字也是 1，并没有足够的空间创造出这种极端偏差。

在柯西分布中，极端偏离 0 的值“并不少见”，这也正是这个理论不同于正态分布的特征。也就是说，在飞镖游戏中，x 值的分布并不适用于大数定律。因为时不时地就会出现极端偏离的值，使样本平均值发生大幅度偏离。

“当样本数量变大时，样本平均值将逐渐趋近于理论上的期望平均值。”再次重温大数定律的表述，我们才能发现它真正的含义在于限制条件“期望平均值”。

即使是被视为万能的“平均”概念，如果根本就不存在的话，也就谈不上对它的应用了，因此，数学家才会去关注是否“存在”的问题。

你不知道的排队这件事

9月7日

今天照镜子的时候，突然发现自己的头发长得太长了，择日不如撞日，于是我立即出门去了理发店。

到理发店一看，店里已经排起了长长的队伍。虽然每个人剪头发大约只要10分钟，但是在我前面已经排了10个人，还是得等很久。我一向厌烦排队等候，于是就先回家了。

但是，回家后无论如何还是想今天把头发剪了。心想或许那种预约式的美容院不用这么费劲儿地排队吧。结果打电话一问，那边也说："这个时间已经有客户提前预约了，现在只能为您预约到 1 个小时之后。"

这样的话，我就得算一下了。理发店那边总的排队时间是 10 分钟 × 10 个人，也就是 1 小时 40 分钟。相比来看，美容院那边等 1 个小时算是快多了。根据自己的分析，最后我还是预约了美容院。你看，像这种时候，数学好的优势就体现出来了吧！

顾客的期望——火箭般的结账速度

X 先生在理发店遇到的问题，有一个前提条件就是这家店里理发师只有 1 个人。但是在日本，类似这样 10 分钟快剪的理发店，大部分都有 2 人以上的理发师。如果 X 先生去的是这样的店，那么他得出的结论可能会不一样吧……

有一个数学理论是专门处理类似这样的问题的，这个理论就被称为“排队论”（Queuing Theory）。该理论已经发展成为应用数学的一个分支。

排队论最基本的应用就是计算平均等待时间，详细内容我会在后文中讲解。现在，我先来介绍一下平均等待时间的计算公式。

这其实是一个非常简单易懂的公式，公式中仅涉及一个概念——运转率。比如以超市收银台为例，将收银员在一定时间内能够顺利收银结账的总次数计为一个数值，该数值与该时间段内该收银台前排队的顾客人数之比，就是反映收银员工作的“运转率”，也可以称为“服务率”。服务率中使用的两个数字中，排队的人数固然重要，但更重要的指标还是收银员在一定时间内能够结账的次数。

举个例子来说，假设收银员在 10 分钟内最多能够结完 10 次账，而在这 10 分钟之间，收银台前面总共排了 8 位顾客。那么在这种情况下，可以计算得出服务率为：

$$服务率 = \frac{8}{10} = 0.8$$

服务率这个指标，如果换个说法，其实就是要看看“收银员到底有多忙”。如果服务率的数字等于 1，那就意味着收银员处于极其忙碌的状态，一点儿都不得闲，而他所负责的收银台前等待的顾客，队列会保持一个均衡的长度，短时间内不会有缩短的趋势。如果服务率超过了 1，那么可见收银台的结账需求已经超过了收银员处理能力的极限。在这种情况下，等待结账的顾客必然会排起队，而且，随着时间的推移还会有新顾客不断加入队伍，队伍也会变得越来越长。相反，如果服务率较低，那么表示收银员此时会比较清闲。

现在我们以这个理论为前提，看看假定服务率小于 1 时的情况。当收银员的服务率小于 1 时，即使当下可能会忙一会儿，但是他的收银台前的顾客还是会逐渐减少的。根据排队论，这时顾客的平均等待时间就可以用如下公式计算得出：

$$平均等待时间 = \frac{服务率}{1-服务率} \times 平均每人的结账时间$$

如果服务率等于 0.8，且结账时平均每位顾客需要 1 分钟，那么平均等待时间就是：

$$\frac{0.8}{1-0.8} \times 1分钟 = 4分钟$$

以服务率为横轴，平均等待时间（每人所需时间的一定倍数）为纵轴建立坐标系，就可以得出如图 44 的曲线。

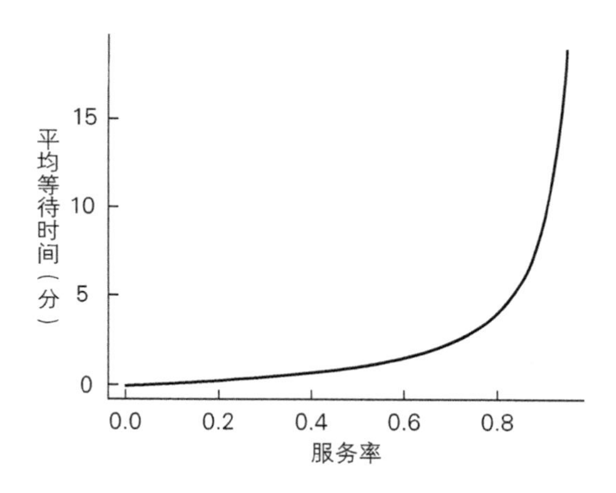

图 44　平均等待时间与服务率的关系

从图中可以看出，当服务率趋近于 1 时，等待时间会呈急剧上升趋势。相反，当服务率有所下降时，顾客的等待时间也会下降，而且下降幅度是超出想象的。如果以刚才的例子（服务率为 0.8）来说，平均等待时间是 4 分钟，但是当服务率下降到一半，即 0.4 时，这个时间就会下降到 2 / 3 分钟（约 0.67 分钟）。可见，只要收银员的服务率下降一半，顾客的等待时间就会下降更大幅度，到原来所需时间的 1/6 左右。从顾客的角度来说，如果收银员处于游刃有余、稍微空闲的状态，将会极大改善他们的排队境遇。

大家可能都有过这种经历。当你在一家便利店或超市买了东西去结账时，如果只有一个收银台开放，就得排队等好一会儿。但是，如果这时有另一个正好空闲的店员过来，开放了另外一个收银台，那么你就会看到，队伍很快就会缩短，转瞬之间两个店员就处理完了所有结账需求。从直觉上来说，大家可能会觉得，开了两个收银台的话，等待的时间应该是在原来的基础上缩短一半，但是实际缩减的幅度会更大。

收银员的噩梦——顾客总是蜂拥而至

开放两个收银台，等待时间会以超过一半的幅度缩短，这种不可思议的现象，可以用数学来解析说明。不过，为了推导这个公式，需要对顾客到达的方式有所限制。这里所说的限制，并不是为了使理论成立而特设的一些奇怪的条件，而是仅仅要求“顾客之间是毫无关联性的随机排在收银台前的”。

之所以这么设置，是因为在日常生活中，“每隔 3 分钟就有 1 名顾客到达收银台排队”这种规律性的现象几乎是不存在的。现实中，人是具有很强的随机性的，顾客可能本来打算去结账了，但是又突然发现自己忘了买酱油，于是又临时折返到调料区选购商品。类似这样的情况非常多，所以每位顾客最终到达收银台结账的随机性是很强的。

为了分析顾客到达收银台的实际情况，我们可以模拟一下 50 位完全没有关联的顾客随机到收银台结账的时间分布，图 45 为模拟结果。

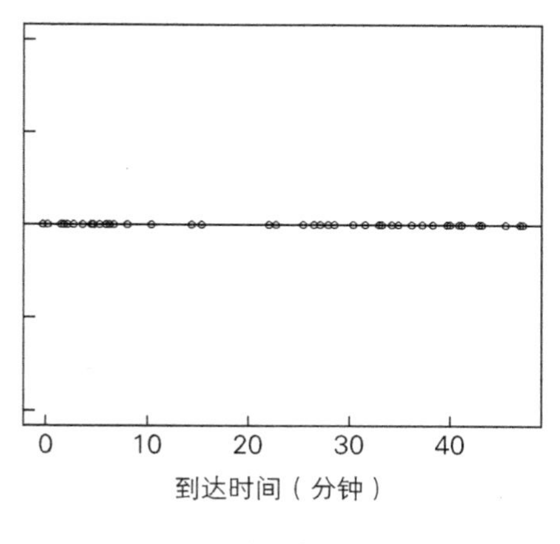

图 45　50 位顾客的到达时间

图中的小圆点就是每位顾客到达收银台的时间。观察这张图中圆点的分布，你发现什么了吗？

是的，图中很明显地呈现出，在有些时间段内圆点是比较集中的，也有些时间段里根本没有任何圆点分布。这也就表示，实际情况下有的时间段内顾客会接二连三地来到收银台，但有的时间段内则根本没有顾客来结账。

再进一步进行分析，我们用某个单位时长（30 分钟或 1 小时等）

来切分整个时间段，然后统计每个区间内的到达人数，就可以得出如图 46 的柱状图。

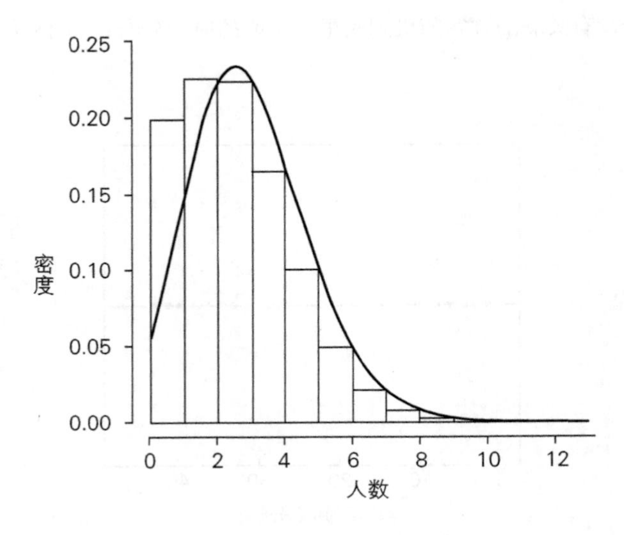

图 46　到达人数的柱状图

在这个柱状图中，横轴表示到达人数，纵轴表示该区间内到达人数所占的比例。例如，10 分钟内到达收银台的顾客人数为 1 人的比例是 20%。按照这个数据来计算，平均到达人数是 2.9994 人。

图中与柱状图重叠的曲线，表示的是与平均值相对应的理论值。这条曲线本来应该是一条折线，因为 2.3 个人这种数字无法适用于实际情况，但为了方便对比研究，我们将其设定为一条平滑曲线。

这条曲线所示的事件发生概率的平均值分布，其实是生活中经常会出现的一种非常令人惊奇的分布现象。这种分布记录的是“某种很少发生的现象在单位时间内发生的具体次数”。在数学领域，这称为“泊松分布”，泊松分布是以其发现者、法国数学家西莫恩·德尼·泊松（Siméon–Denis Poisson）命名的。

顾客到达收银台的情况符合泊松分布，我们称为“泊松到达”。“泊松到达”的现象具有“易集中发生”的性质。怎样理解这个“易集中发生”的性质呢？我们需要先看一个指标，即某位顾客与下一位顾客到达时间的间隔。图 47 给出了这方面的统计，这个平均间隔时间大约为 0.333 208 5 分钟。

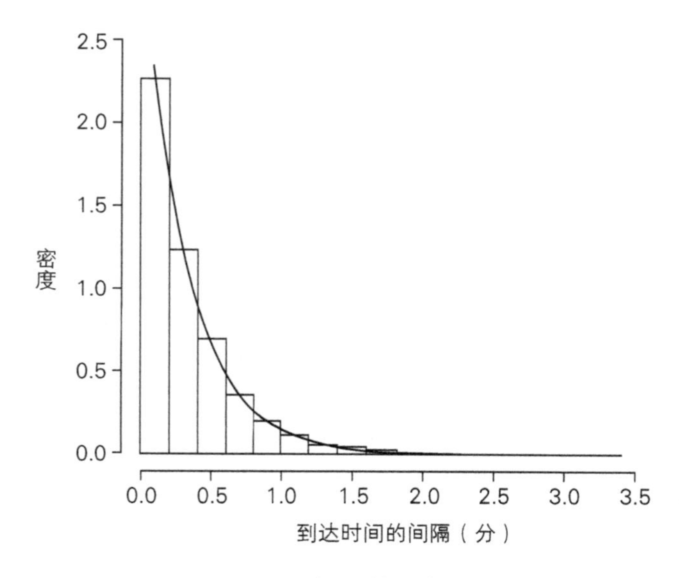

图 47　间隔时间分布

用间隔时间来解释“易集中发生”的性质，就是说间隔时间越短，事件发生的概率就越高，也就是越容易发生。因此，当间隔时间接近于 0 时，顾客到达的概率是最高的，可能会出现蜂拥而至的情况。当间隔时间变长时，可以看到柱状图的高度明显下降，也就是事件的发生概率下降。由此可以看出“互相没有关联的独立事件易集中发生”。这种分布现象，被称为“指数分布”。

接下来，让我们再换个角度，这次不只有 1 个收银台，而是有 2 个、3 个收银台同时结账，让我们来看一下情况会有什么变化。图 48 的 3 条曲线分别代表收银台有 1 个、2 个、3 个时顾客的等待时间。

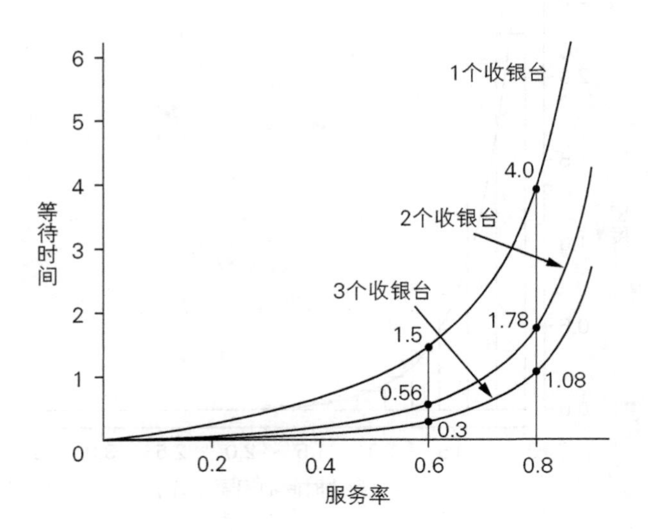

图 48　增加可服务收银台数量时的情况

这个图的横轴为收银员的服务率，纵轴为顾客等待时间。等待时间是以平均每个人的等待时间为单位的，这里我们假设平均每人结账需要 1 分钟。

当服务率为 0.8，且只有 1 个收银台提供服务时，顾客等待时间是平均每人等待时间的 4 倍；当收银台开放 2 个时，这个数字是 1.78 倍；而当开放 3 个收银台时，等待时间就下降到了 1.08 倍。

换句话说，2 个收银台同时工作时，顾客的等待时间下降到了平均等待时间的 44.5%，下降幅度超过了一半。3 个收银台同时工作时，就下降到了将近 1/4。

而如果服务率稍有下降的话，等待时间会更加缩短。比如当服务率为 0.6 时，如果只有 1 个收银台，则顾客等待时间为平均等待时间的 1.5 倍；如果再开放 1 个收银台，则等待时间就会陡然下降到平均等待时间的 56%；3 个收银台的情况下，更是下降到平均等待时间的 30%，而相比只有 1 个收银台工作时，顾客等待时间下降到了 1/5。

怎样，多开放几个收银台以后，顾客的等待时间是不是有了很大改善？我们把上面的分析再简洁概括一下，即如果只开放 1 个收银台时顾客的等待时间为 1，那么开放 2 个收银台时顾客的等待时间就缩短为 1/3，开放 3 个收银台时等待时间更是缩短到 1/7。

反之，如果收银台的开放数量减少，那么对顾客结账的等待时间会产生非常大的影响。比如当服务率为 0.5 时，把正在提供服务的 2 个收银台关闭 1 个，那么就会导致顾客的等待时间延长到原来的 3 倍之多。如果经营者为了削减人力成本而过度缩减收银台的开放数量，那么就可能会导致收银员的服务率超过 1，在等待中不耐烦的顾客很可能会放弃结账，转身离开。

排队等待时间的真相

为什么排队的等待时间会有如此大幅度的变化呢？为了探明这一点，我们先来看一个非常极端的案例。

首先，如图 49 所示，如果顾客的结账时间存在一定的间隔，即前一个顾客结完账后，后一个顾客隔一段时间才会到达，那么此时的等待时间为 0。

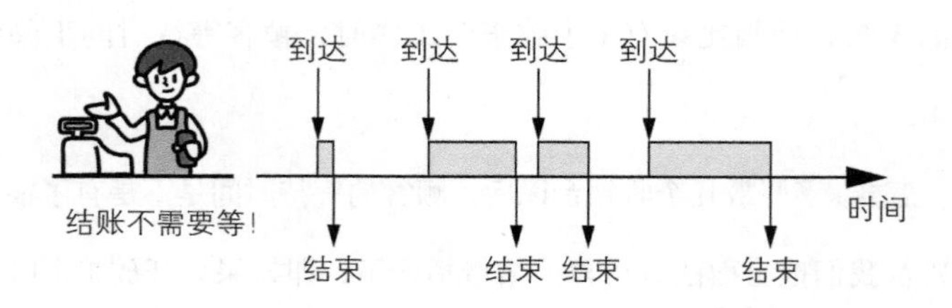

图 49　不存在等待时间的情况

但是这毕竟是极端情况，更常见的是如图 45 所示的“泊松到达”的情况，即在顾客相互独立地到达收银台的情况下，极易发生在收银台前聚集的情况，如图 50 所示。这也正是产生排队等待时间的原因。

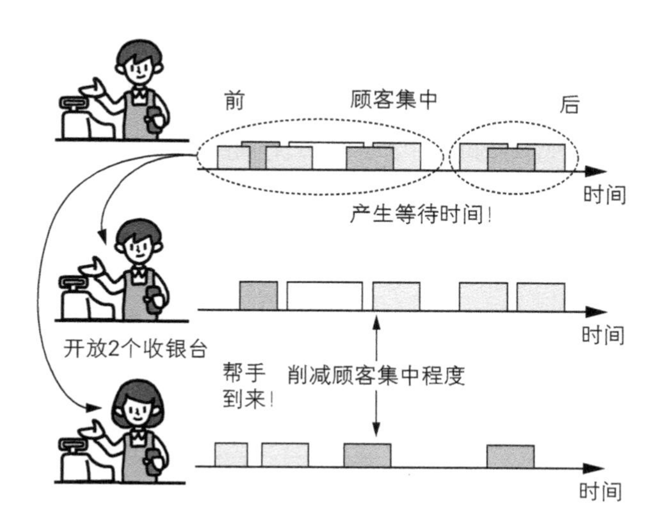

图 50　帮手到来，混乱消散！

这时候，如果有另一位店员来帮忙，打开另一个收银台为顾客结账，那么这时人流就会分成 2 个队列，之前的扎堆现象自然也就消解了。

图 50 形象地展示了这一过程，通过增加开放的收银台，聚集扎堆的顾客被分流、疏散，因此使得顾客的等待时间不只减少了一半，甚至变为了 0。

虽然等待时间缩短到 0 是种极端情况，但是我们从中也能发现这样一个机制：不论多少，只要增加开放的收银台，顾客的集中程度就会降低，等待时间也会减少到一半以下。

“某个现象在某个时间段集中发生”“在有的时间段根本不发生”这种特性是非常重要的。事实上，日常生活中，包括飞机事故、交通事故等各种各样的现象中都会存在这样的性质。

日本著名的物理学家、随笔作家寺田寅彦先生就曾写下名句：“天灾总是在被遗忘时不期而至。”相信读过了本节内容，大家应该能够体会到，这句话并非仅仅是道德层面的标语，而是以“泊松分布”这一数学理论为根基的名句。

反正弦理论

9月8日

看完了美国电影经典之作《肖申克的救赎》，我的感觉就两个字——痛快！这部电影让人充分领悟到，只要把握人生的关键之处，就可能扭转命运！

即便之前的人生一直失败，但只要抓住一次机会取得巨大成功，那么一切也都可以挽回。仔细想想的话，我们的工作，我们所在的公司，不都是这样的吗？现在日本的一些知名大企业，其经营也曾一度陷入恶性循环、濒临破产。在那看不见硝烟的商战中，为了胜出，这些企业的经营者甚至赌上了企业的命运，才使得企业起死回生、成就伟业。这样的例子不胜枚举。

扭转命运的可能性

《肖申克的救赎》中，主人公成功地扭转了自己的人生命运，不知道给多少观众带来了莫大的勇气。这也是我非常喜欢的一部电影。

不过这毕竟只是一个虚构的故事。在我们的现实生活中，这种戏剧性的人生大逆转发生的概率究竟有多大呢？为了计算这个概率，这里我想先介绍一个概率论中不可或缺的概念——随机数。

什么是随机数？

很简单，掷硬币就可以了。正面朝上记为1，反面朝上记为0，然后把记录下来的0和1依次排列，你就有可能得到下面这样的一组数字：

1 0 1 0 0 1 1 0 1 1 0 0 1 0 1 0 1 0 0 1 1 0 0 1 1 1 1 0 0 1 0 0 1 0 0 0 1 0 1 1 1 1 0 0 0 0 1 1

这个数列就是一个随机数的组合，而且大致数一下就会发现，这里0和1出现的概率基本相同。并且，现有的0和1的排列组合，对之后掷硬币的结果（0或1）完全没有任何影响。这类随机数在数学中就称为“理想的随机数”。

随机数是一个非常数学化的概念。之所以这么说，是因为数学上默认“理想的随机数”才是随机数应该呈现的形态。

20 世纪 90 年代末到 21 世纪初期，我当时在一家公司任职，所属部门主要负责研究开发 IC 卡和手机 SIM 卡等通信部件的密钥技术。当时我们设计的一款产品就叫作“高质量的真随机数生成器”。因为密钥技术中认证密码这一环节必须要用到随机数，所以我们开发了这款随机数生成工具。通过快速地生成高质量的随机数，可以提高认证的安全性。

“随机数生成器”，正如其字面意思，可以生成 0 和 1 这样的随机数列。形象化地描述一下的话，这个装置就像是棒球击球练习场里的自动发球机。只不过，它发出来的不是棒球，而是 0 和 1 这样的数字。

而所谓“真”的随机数，是通过物理装置产生的随机数，比如会利用电阻两端的电压或者钟摆的微小摆动等。具体地，例如在电阻两端的电压超过基准电压时记录为 1，低于基准电压时记录为 0，通过重复进行采样，就可以生成一系列的随机数[25]。

通常，计算机中使用的随机数是“伪随机数”。伪随机数是按照一定的规则模拟产生的看起来像真随机数的数字序列。但是“伪”就等于“假”，一旦弄明白伪随机数的生成机制，那么就可以知道下一个数字是 0 还是 1[26]。但实际中，我们需要无法预测的随机数，就如同在棒球击球练习场中，发球机接下来的发球角度必须让人无法预测，否则就谈不上练习了。

真随机数生成器就是为满足这种要求而出现的。它的优势在于利用自然存在的物理现象，让人无法预测。

那么，理解了“高质量的真随机数生成器”的“真”以后，“高质量”又是怎么回事呢？随机数质量的好坏，具体来说需要通过以下两个要点来判断。

首先是要看生成的一系列随机数中，0 和 1 出现的概率是否各占一半，这种特性也被称为“均匀性”。实际上制作真随机数生成器时，都要检验下生成器生成的数据是否具备这种特性，即计算其生成的一系列随机数字中 0 和 1 出现的概率是否接近 50%。

其次是要看随机数生成中的“独立性”。如果在生成的数字中能够观察到一些规律，比如 0 的后面容易出现 1，或者 1 的后面多会连续出现 010 的数字组合，那么这些数字就会被视为质量比较差的随机数。

检验随机数“均匀性”与“独立性”的方法有很多，其中一种常见的方式就是“随机游走”（Random Walk）测试。随机游走的模式类似醉汉的步伐，其基本的原理是，在一条直线上记录目标在直线上下方摇摆变化的“步数”，图 51 就是一个随机游走的例子。

观察图 51 可以发现，这条曲线的轨迹非常像一个醉汉留下的扭曲足迹。实际上，随机游走也被称为“醉步”或者“酒鬼乱步”。

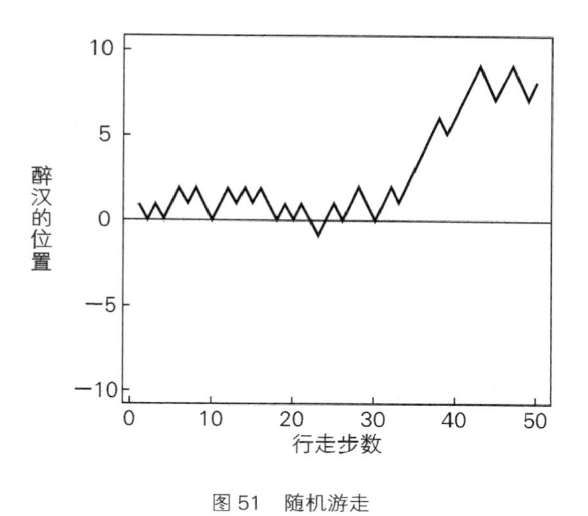

图 51　随机游走

下面，我们就用“随机”来测试随机数的质量。方法是根据真随机数生成器生成的 0 和 1 的随机数列，让一个圆点按照该数列的数值在数轴（实数直线）上“随机游走”，然后观察点留下的轨迹（图 52）。

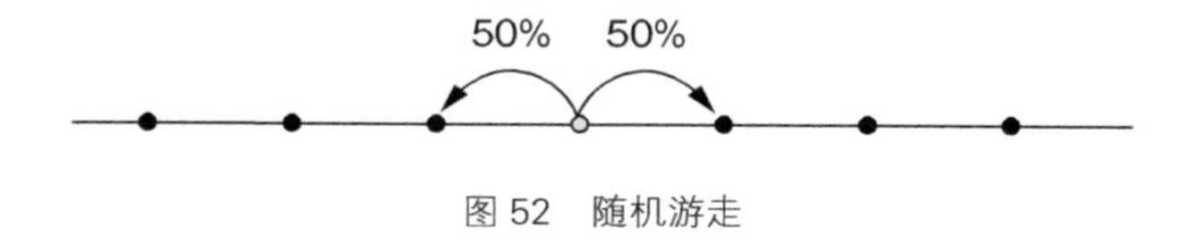

图 52　随机游走

当随机数为 1 时，圆点向右“游走”（数轴的正方向）；当随机为 0 时，圆点向左“游走”（数轴的负方向）。如果这一系列随机数具备“均匀性”，那么圆点就应该恰好有 50% 的概率向右移动，50% 的概率向左移动。

另外，还需要验证随机数的“独立性”。如果随机数具有“独立性”，那么诸如“圆点向右移动后再向左移动的概率比较高”等圆点间存在关联的情况应该是不会发生的。像这样，通过研究圆点“游走”的轨迹来判断随机数的“均匀性”与“独立性”，进而就可以判断随机数生成器生成的 0 和 1 随机数列的质量好坏了。

正确的“酒鬼乱步”

根据我们设计的真随机数生成器生成的随机数列，进行随机游走测试，得到的结果大致如图 53、图 54 所示。

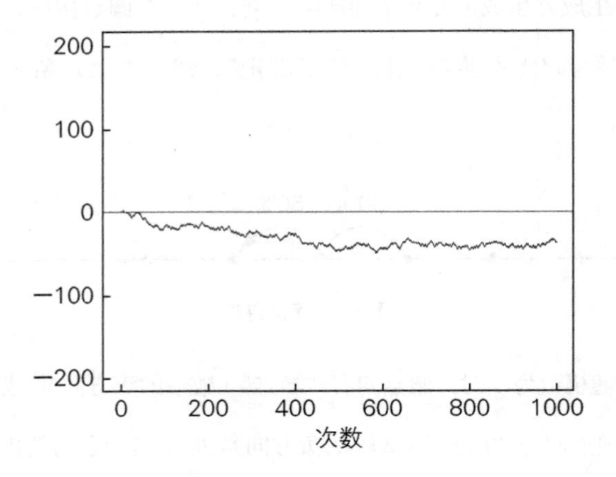

图 53　基于 1000 个随机数进行的随机游走（1）

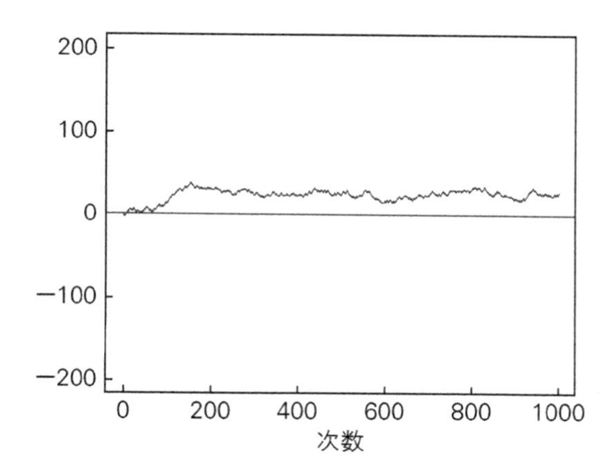

图 54　基于 1000 个随机数进行的随机游走（2）

在这两张图中，横轴表示的是随机数发生的次数（也可以理解为时间），纵轴代表点的位置。可以观察到，两张图中都出现了随机数略微偏向正方向或负方向的情况。当时，我把测试结果给同事后，同事给出的评价是："这个随机数列中 0 和 1 的比例肯定是偏离的。"确实，如果是理想的随机游走，那么形成的路径轨迹应该是像图 55 那样，反复横切过 0 点才对。

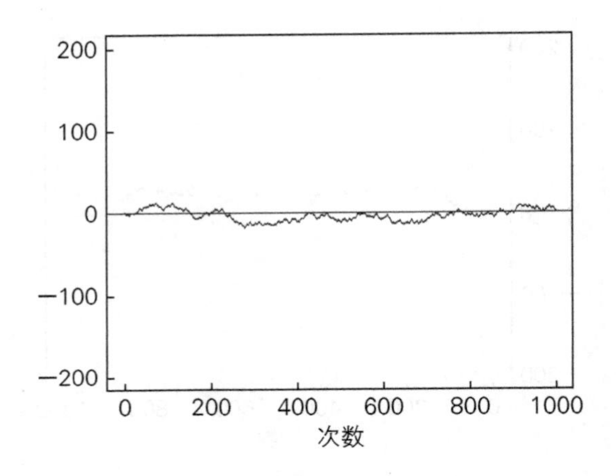

图 55　理想的（？）随机游走模型

大家怎么看？理想的随机游走，必须像图 55 那样吗？

为了确认这一点，我又测算了圆点在数轴上移动时处于正方向上的时间。测算方式是先让圆点进行 1000 次随机游走，然后记录这一过程中圆点在数轴上方（正方向）的时长。这样的模拟过程重复 1000 次，就可以得出类似图 56 的分布图。

在这个统计中，横轴所代表的是次数（时间），横轴的值接近 0，表示圆点大部分时间出现在数轴的负方向上；反之，横轴的值接近 1000，则代表圆点大部分时间都在数轴的正方向上；横轴的值接近 500，则表示圆点分布于正方向和负方向的时间大致相同。观察图 56，可以发现圆点在正方向上的时间分布，呈现两端非常高、中间较低的特征。

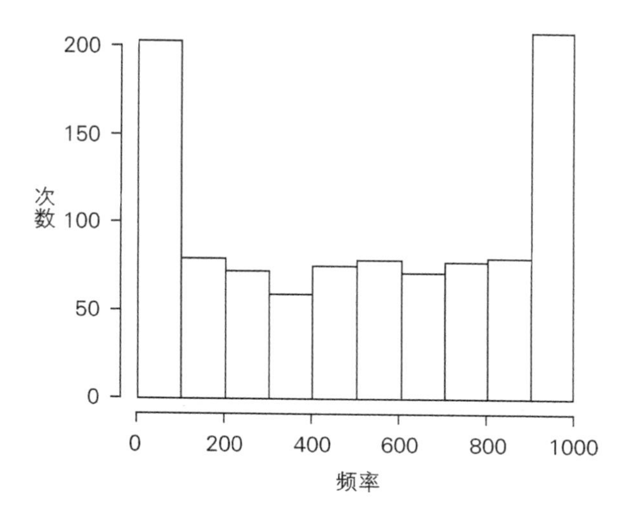

图 56 圆点在数轴正方向分布的直方图

这种分布形态有一个正式的名称，叫作“反正弦分布”（The Arcsine Distribution），也称为“U 形分布”，这是一个数学上已经证明了的事实。

从理论上来说，我得到的直方图应该与图 57 的曲线是一致的。于是，为了实际进行验证，我把图 56 的纵轴和横轴的刻度按比例缩小到与图 57 的刻度一致，然后再把模拟得到的直方图与反正弦分布曲线重叠，结果证明我的模拟结果和理论分布是高度吻合的！特别是数轴的两端，频率都非常高。

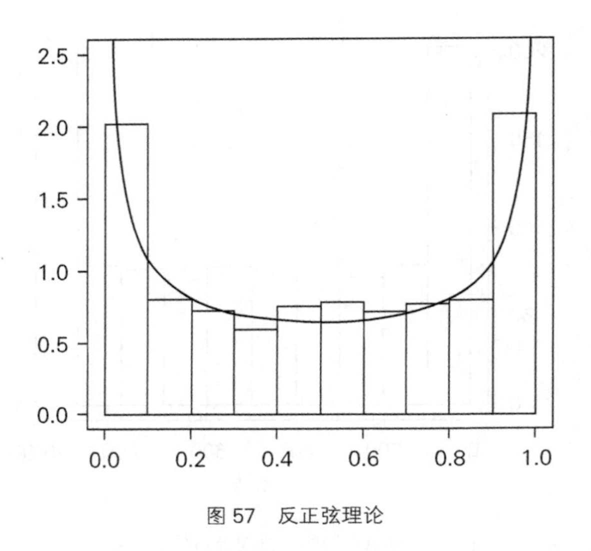

图 57　反正弦理论

在数学上，如图 53、图 54 那样圆点长期停留在数轴某一侧的情况比较常见，反而像图 55 那样，圆点时不时地横切过 0 点，移动到另一侧的情况是比较少见的。那这也就意味着，我设计的真随机数生成器，实际上运作非常良好。而且，生成的随机数中 0 和 1 出现的概率也都接近 50%。

反正弦分布的理论，显然与一般人对随机游走分布的直觉相悖。而法国的数学家莱维（Paul Levy）则证明了这一事实，他在 1940 年发表的论文中进行了相关证明。现在我们就从这篇论文出发，来一起探究一下当时他那天才般的想法吧！

假设一个随机游走的圆点，偶然移动到了正方向上 +10 的位置。

如果把这看作是比赛的话，那么现在圆点赢的次数比输的次数多了10次。如果接着玩，不断增加比赛次数，那么还会发生从某个时间点起连续获胜，或接连失败的情况。

这时，如果要使圆点的轨迹横切过0点，然后向负方向移动，那么就需要连续生成10次“0”（即向负方向移动10次）。但是，这种情况发生的概率本来就很低，仅仅不到0.1%，具体可如下计算：

$$\left(\frac{1}{2}\right)^{10} = 0.000\ 976\ 562\ 5$$

一般情况下，在生成10次随机数的过程中，有5次都可能会得到1，圆点也会相应地向正方向移动，这样一来就很难再次回到负方向那边了。

在比赛中，从落后者的角度看，一旦在比赛过程中被别人超过一次，就很难再领先了。

根据反正弦分布理论计算可知，在比赛过程中领先的时间占全部时间九成以上的概率是20.5%。大家可能会觉得是领先者实力更胜一筹，所以才会有这样的局面。但实际上，即使双方势均力敌，一方长时间领先的情况也并不稀奇。

反过来说，如果领先者一直努力维持自己的优势（为了赢得奖金），那么可以说，他的领先地位被夺走的可能性非常小。

最初的劣势会一直对后面的发展产生不利影响，使得落后者很难再翻盘，这就是反正弦分布理论。虽然听起来有点儿残酷，但是在数学的世界里，这就是现实。

蒲丰投针实验

9 月 15 日

最近新买了一本数学问题集。对我这个资深数学迷来说，思考和解答数学问题是乐趣所在。这本书里的第一个问题就是：

在平面上画一组平行线，将针任意掷在这个平面上，求针与平行线相交的概率。

读完题后，觉得没怎么看明白，于是我决定自己实验一下，很简单，拿一根针扔到笔记本上就好了。

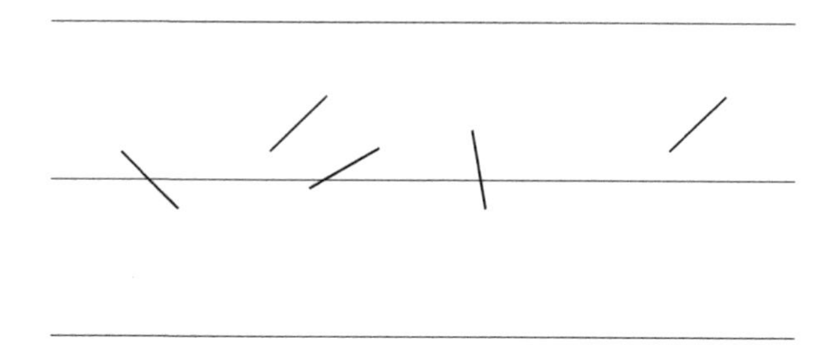

只看我扔的结果的话，针与平行线相交的概率应该是 3/5 吧。这不是很容易就得到答案了吗？为什么这本书还要特意把这个问题拿出来讲呢？难道还有什么隐藏的深层含义吗？

偶然性和蒙特卡罗

现在市面上面向成人的数学书，内容为概率问题的非常多，或许是因为创作概率方面的问题比较容易吧。当然这只是我个人的看法，这个问题也不是我们接下来要讨论的重点。

还是回到投针的问题上来，这个问题看似是概率问题，但是并非如此，实际上是与几何学相关的问题。

前文中，我们曾经提到过飞镖游戏，也给大家讲解了大数定律的相关图表。看似偶然产生的数字，如果重复足够多的次数，其平均值就会接近于理论上的期望平均值，这就是大数定律。利用大数定律的特性进行相关计算的方法就是“蒙特卡罗方法”（Monte Carlo method），也叫“统计模拟方法”。

蒙特卡罗原本是摩纳哥公国四个地区的名称之一，是世界著名的三大赌城之一。此外，蒙特卡罗方法利用事件的偶然性进行计算的方式，也很像是一种赌博，所以这种方法才被如此命名。

蒙特卡罗方法具体有哪些用处呢？举个例子来说，它可以用来计算圆的面积。

图 58 中，向平面上一个边长为 2 的正方形中投掷 10 000 个点。这些点是由计算机随机投掷的。投出的点中落在该正方形的内切圆

（半径为 1）中的点，我们用黑色点来表示。

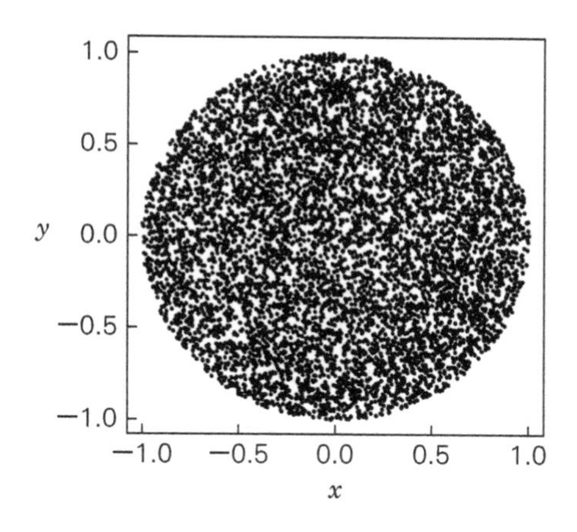

图 58　利用蒙特卡罗方法计算圆的面积

这时，这个半径为 1 的圆的面积恰好是 π，而外部的正方形面积为 $2\times2=4$。那么我们就可以计算得出，投掷的点落在圆形内部的概率应当为 $\frac{\pi}{4}$。

实际的概率是多少呢？数一下这 10 000 点中落在圆形内的点，一共有 7819 个。这样的话，实际的概率就是：

$$\frac{7819}{10\ 000}=0.781\ 9$$

而另一方面，

$$\frac{\pi}{4}=0.785\ 398\ 1\cdots$$

这两个数字相当接近，小数点后两位都是相同的。

在这个实验中，点的个数是 10 000，我们可以继续增加点的数量，然后重复计算，就会发现，投掷的点的数量越多，点落在圆内的概率就越无限接近于 $\frac{\pi}{4}$。这就是蒙特卡罗方法的思路。

本节开篇处 X 先生的日记中提到的投针问题，其实是一个很有高度的数学问题，也是蒙特卡罗方法的根源之一。投针问题是由 18 世纪法国著名的博物学家、数学家、植物学家蒲丰（George-Louis Leclerc de Buffon）提出的，内容大致如下：

> “在平面上画一组平行线，将针任意掷在这个平面上，求针与平行线相交的概率。”

这个问题就是著名的“蒲丰投针问题”。

按照蒲丰的构想进行实验，我们可以得到如图 59 的结果。实验操作起来很简单，难的是如何在多次重复投针的过程中，数出针和平行线相交的次数。

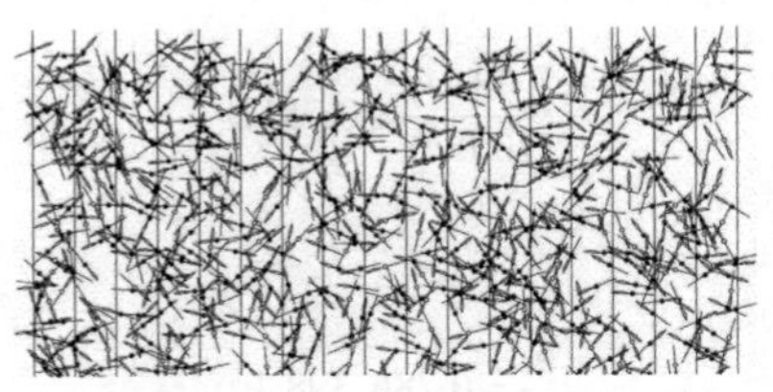

（引用自 http://www.smac.lps.ens.fr//index.php/Program:Direct_needle）

图 59　投针实验中针的分布结果

在蒲丰所处的时代，计算机还没有被发明出来，为了利用蒙特卡罗方法测算概率，研究者必须亲自上阵，耐心地反复投针，每投掷完一次，就赶紧把结果记录下来。想象一下这种场景，怎么还有点想笑的感觉呢？

在投针实验中，针和平行线相交的概率，是由针的长度以及平行线之间的距离决定的。平行线的间距越小于针的长度，针与平行线相交的概率就应该越大。相反，平行线的间距越大于针的长度，针与平行线相交的概率也应当会越小。

在蒲丰设计的问题中，针的长度刚好等于平行线间距的一半。在此，我们假设平行线的间距为 4 cm，针的长度为 2 cm（图 60）。

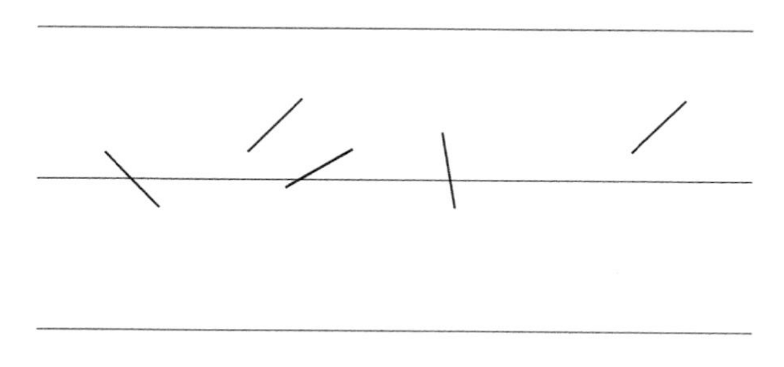

图 60　将长 2 cm 的针投掷于间距为 4 cm 的平行线上

因为针的长度只有平行线间距的一半，所以在这个实验中，即使针和平行线相交，也只能与离针最近的那一条平行线相交。

通过计算机模拟，我们可以得到多次投针的结果[27]。假设将

20 000 根针投掷于平面。图 61 的结果表明，针与平行线相交的情况发生了 6368 次。也就是说，两者相交的概率为：

$$\frac{6368}{20\ 000}=0.3184$$

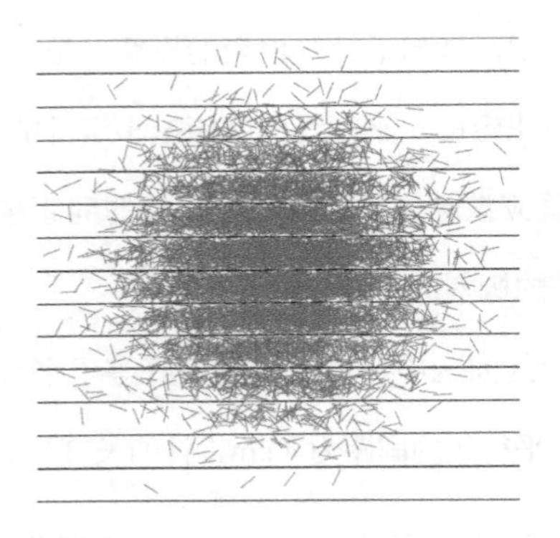

图 61　投掷 20 000 根针的模拟实验

换个角度来说，我们也可以用这个结果来计算平均投掷多少次才能发生一次相交：

$$\frac{1}{0.3184}=3.140\ 703\cdots$$

也就是每投掷约 3.140 703 根针就会有 1 根和平行线相交。怎么样？这个数字是不是很眼熟？

没错，这个数字就是圆周率 π。

真是奇妙的事情！在最开始我们列举的蒙特卡罗方法的例子中，

计算的恰好是正方形内的圆的面积，所以π的出现没什么可奇怪的。可是在接下来的蒲丰投针实验中，根本没有涉及任何关于圆的因素啊。

这究竟是怎么回事呢？这个问题一下子还解释不清楚，所以下面我想从最基本的例子开始，逐步解开这个谜。

针与圆周率的关联

首先，我们假设针相对于平行线恰好倾斜30度，这时针与平行线的关系如何呢？图62、图63呈现了此时可能会发生的四种情形。

当针和平行线所成的角度为30度时，两者构成的图形和三角尺是相同的。也就是说，图中以针为斜边的三角形，其高：斜边：底应当为$1:2:\sqrt{3}$。

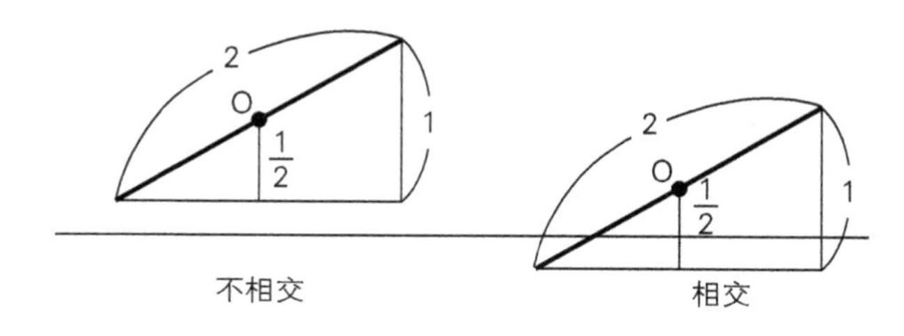

图62　两者相交及不相交的情形（1）

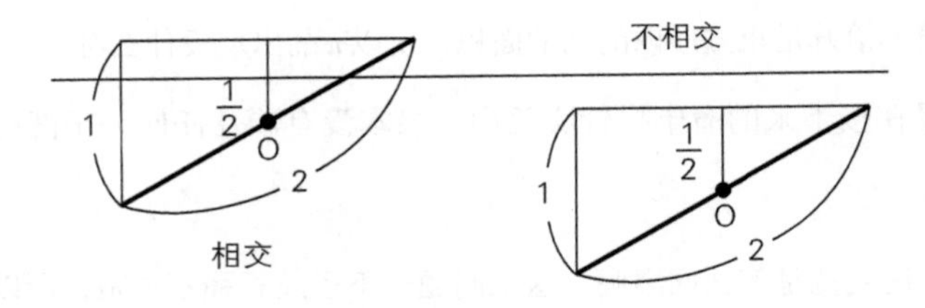

图 63　两者相交及不相交的情形（2）

在这里，我们设针的中点为 O 点，此时，针和平行线相交的条件为——点 O 与离它最近的平行线之间的距离，需小于等于

$$\frac{1}{2}=0.5\text{ cm（5 mm）}$$

在搞清楚倾斜 30 度时两者相交的条件之后，我们可以通过调整针的中点 O 的位置，或者针倾斜的角度，来得出更多情形下的条件，使这个问题一般化，从而解答投针问题。不过，要同时改变点 O 的位置和倾斜角度，计算就会变得比较复杂，因此我们将其分解为"①点 O 的位置""②针的角度"来计算。

首先，我们来考虑"点 O 的位置"的变化情况。无论点 O 在什么位置，决定针是否可能与离点 O 最近的平行线相交的关键条件，都应该是"从点 O 到平行线的垂直距离是大于还是小于 OH 的值"（图 64）。

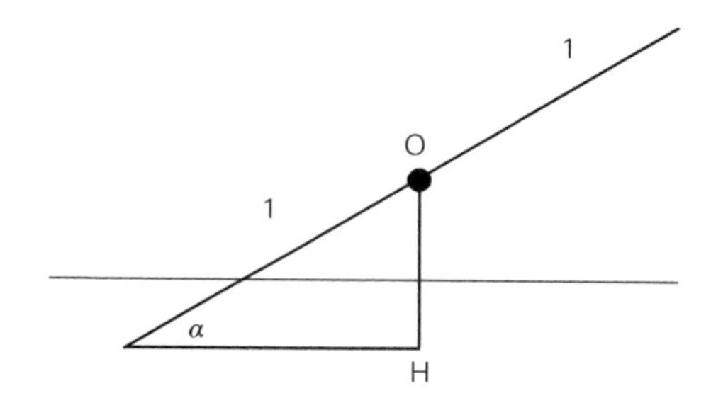

图 64　与平行线相交的前提条件

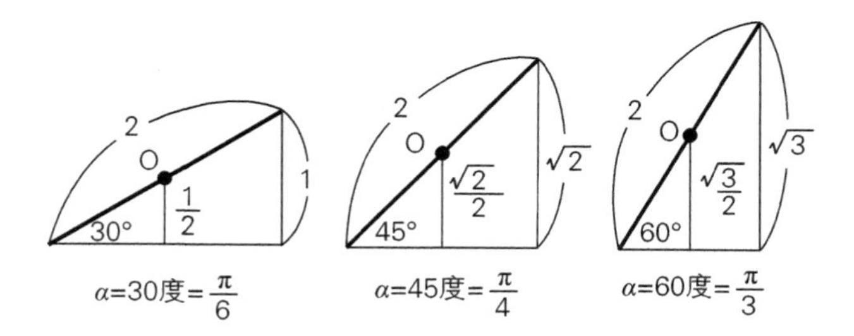

图 65　角度与 OH 的关系

其次，我们来考虑“针的角度”的变化情况。设投掷下的针相对于平行线的角度为 α，当 α 发生变化时，相应的 OH 的长度也将发生变化。图 65 为当 α 的值为 30 度、45 度、60 度时对应的 OH 的长度，分别为：

$$\frac{1}{2}=0.5,\ \frac{\sqrt{2}}{2}=0.707\ 106\ 7\cdots,\ \frac{\sqrt{3}}{2}=0.866\ 025\ 4\cdots$$

以 α 的角度为横轴，以 OH 的长度为纵轴建立图表的话，就可以得出图 66。

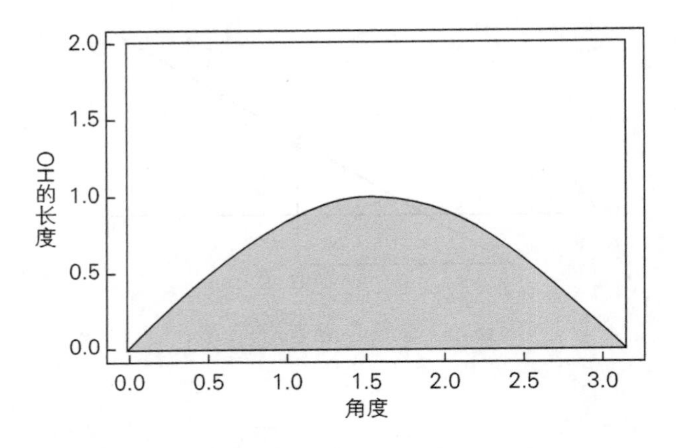

图 66　满足针与平行线相交的条件的区域

请注意，图 66 的横轴坐标是以弧度为单位的。简单解释一下弧度，弧长等于半径的弧，其所对的圆心角为 1 弧度。圆心角为 360 度时，弧度也就是圆周的长 = 2π。图 66 中的灰色区域即点 O 到平行线之间的距离小于 OH 的部分。

我们还可以用角度 α（横轴）以及点 O 与最近的平行线间的距离（纵轴），来表示针的分布情况。

图 67 中，当 α 为 45 度（$\frac{\pi}{4}$）、22.5 度（$\frac{\pi}{8}$）时，点 O 与平行线间的距离分别为 0.5、1。从图中可以看出，即使 α 的角度同为 45 度，当 OH 的长度为 0.5 时，针与平行线相交，点（$\frac{\pi}{4}$，0.5）在图中灰色区域内；而当 OH 长度为 1 时，针与平行线不相交，点（$\frac{\pi}{4}$，1）在图中白色区域内。

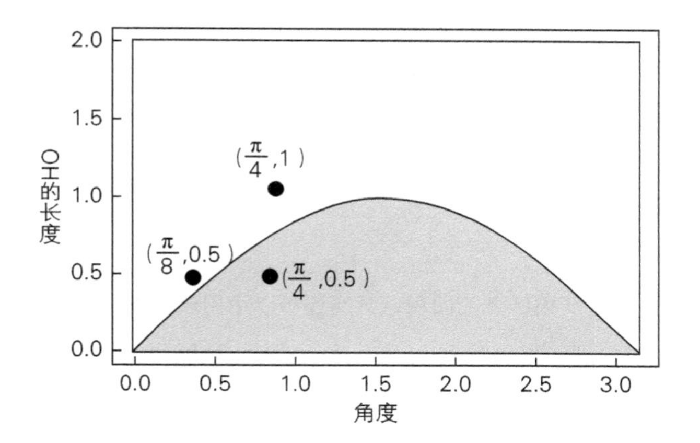

图 67　针的角度以及点 O 与最近的平行线的距离

当 OH 的长度均为 0.5 时，那么当针的倾斜角度为 45 度时，针与平行线相交，点 $(\frac{\pi}{4}, 0.5)$ 在图中灰色区域内；当针的倾斜角度为 22.5 度时，则不发生相交，点 $(\frac{\pi}{8}, 0.5)$ 位于图中白色区域内。

投针实验中针的所有分布情况都可以在图 67 的长方形区域内找到对应的点。这个长方形的长（横轴）为 π，宽（纵轴）为 2，因此计算可得其面积为 2π。

大家是否注意到了一个问题，π 在这里又出现了。投针问题中针与平行线相交的概率，就是图 67 中灰色区域的面积与整个长方形面积的比。

那么，还需要做的就是计算出灰色区域的面积。虽然计算过程中要用到积分，但是也没那么复杂。通过计算，我们得到的答案是

2，于是针与平行线相交的概率为：

$$\frac{2}{2\pi}=\frac{1}{\pi}$$

这就是本节我们一直在寻求的答案，即蒲丰投针问题中针与平行线相交的概率。

图 67 中灰色区域的面积，其实还可以运用蒙特卡罗方法进行粗略估算（图 68）。例如，我们向长方形中随机投掷 10 000 个点，然后数一数有多少个点落到了灰色区域内，得到的数字是 3209 个，于是点落入灰色区域的概率为：

$$\frac{3209}{10\ 000}=0.3209$$

而这个数字的倒数就等于 3.116 235…，这个值也非常接近圆周率 π。

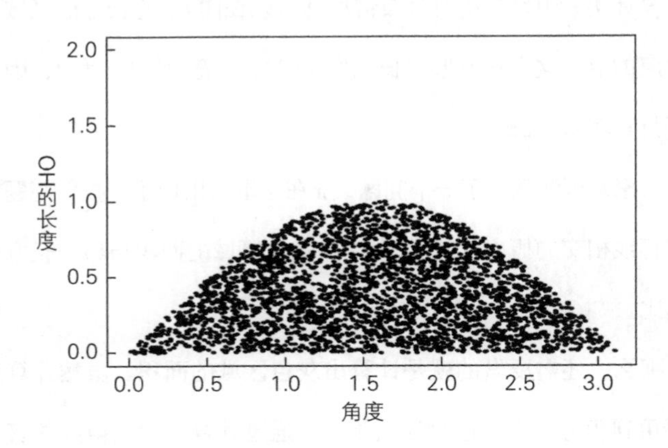

图 68　用蒙特卡罗方法计算灰色区域的面积

我们追寻的是“针与平行线”的问题，最终却出现了圆周率π。看上去虽然会让人觉得不可思议，但其实圆周率早已潜藏在“角度”这个概念中。

第 三 章
颠覆直觉的图形

井盖与50便士

9月30日

翻一翻数学问题集，选一两个问题研究研究，已经成为我每天必不可少的功课。

今天的问题是：井盖为什么是圆形的？

答案毫无疑问，是为了防止井盖掉落到井里！

我们日常生活中随处可见的一些物体，它们之所以采用了现在的形状，并不是偶然的。就如同井盖必须是圆的。我认为，这是因为“在任何角度上宽度（直径）都为定值的图形只有圆形”。今天的这个问题对我来说真是小菜一碟。

井盖只有是圆形才不会掉下去?

“井盖为何是圆形的”这个问题，有些读者可能之前就有所耳闻。这道题曾经出现在微软公司的招聘笔试题目中，一度成为人们热议的话题。在回答这个问题时，如果暂时抛开圆形井盖“易于滚动运输”“方便加工”等物理因素，那么答案就是开篇日记中提到的——圆形井盖不容易掉到井里。

真的是这样吗？其他形状的井盖就可能掉下去吗？

我们先来用正方形试一下。如图 69 所示，很遗憾，正方形的井盖会掉下去。

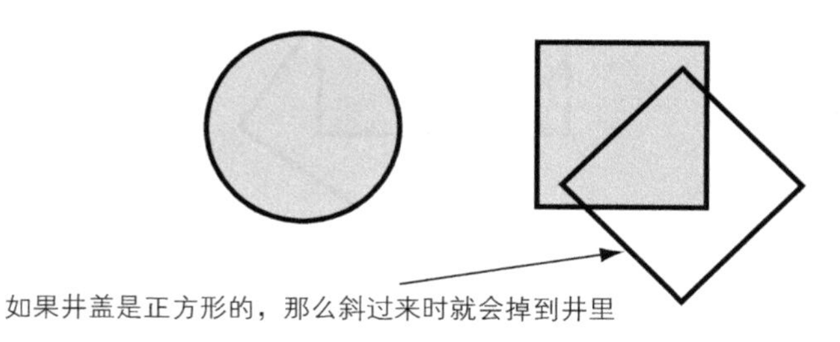

图 69　正方形的井盖太危险！

对于这样的事情，大多数人可能都会不假思索地点头认同，但鲜有人去质疑、深究。不过，现在希望大家能认真思考一下这个问题：“井盖可以制作成圆形以外的形状吗？”

如何，有新的发现吗？估计会很难吧。因为人一旦将“井盖只要是圆形的就可以”的观念植入脑海，就很难将其根除，思维也很难摆脱其影响。

下面，就让我们一步一步分析，找出真相。

首先，还是以正方形为例，先思考为什么正方形的井盖会轻易掉下去。理由很简单，正方形井盖的话，井口也是正方形，如果把正方形井盖斜过来，就会导致井盖的边长小于井口正方形的对角线。这就是几何中正方形的性质：“正方形的对角线的长度，大于其边长。”正方形对角线的长度，大约是其边长的$\sqrt{2}=1.414\ 213\ 56\cdots$倍。

那么，如果把井盖做成长方形呢？

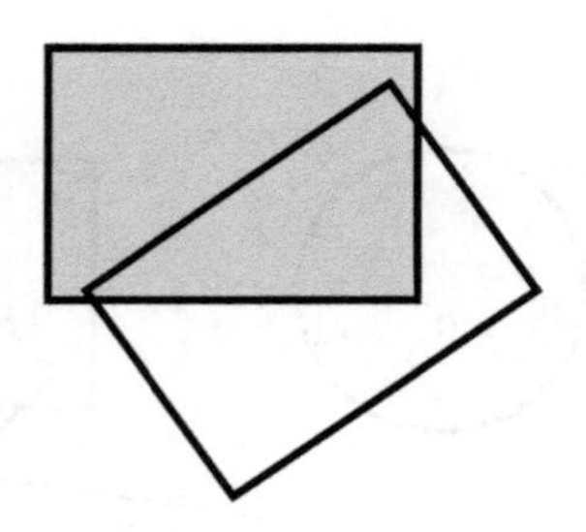

图 70　长方形井盖也不安全

如图 70 所示，即使换成长方形，结果也是一样的。长方形对角线的长度，仍然大于其任意边长。不管换成什么形状的长方形，都是这种情况。

下面，我们来试试等边三角形的情况（图 71）。

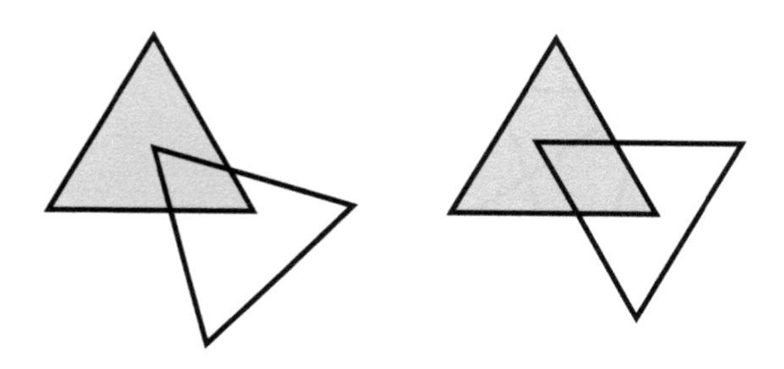

图 71　等边三角形的井盖

等边三角形中，长度最长的就是边长，所以情况和四边形不同。但是，以正三角形的任意顶点向对边作垂线（三角形的高），垂线的长度都小于正三角形的边长。这就意味着三角形的井盖也会掉下去。

我们考察了四边形和三角形的情况，不过还是不能完全解答井盖形状的问题，但是我们已经在逐渐接近真相了。下面，我们来考察正五边形的情况。

如图 72 所示，通过计算可知，正五边形的对角线等于其边长的 $\frac{1+\sqrt{5}}{2}=1.618\ 033\cdots$ 倍，高等于其边长的 1.538 841…倍。

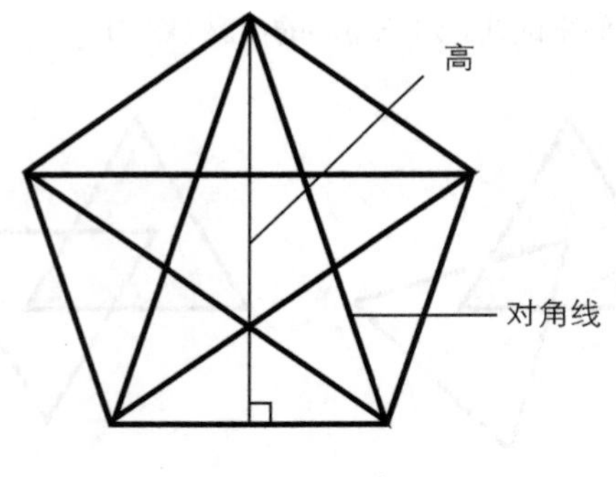

图 72　正五边形

正五边形的情况虽然比正三角形略微复杂，但正五边形的高同样小于其对角线，也就意味着正五边形的井盖同样会掉到井里去。用同样的思路考察正七边形、正九边形……会发现这些图形的高都小于对角线。

勒洛多边形

如果井盖使用正奇数边形的话，应该如何改进呢？现在问题的关键就在于，图形的高小于对角线，会导致井盖在某个角度掉下去。

我们先来看一下正三角形的情况。将圆规的针尖放置在正三角形的一个顶点上，画出连接另外两个顶点的扇形。这样所得到的图形的高就等于其对角线（正三角形的情况下，对角线其实就相当于其边长），都等于这个扇形的半径。依次对三个顶点进行上述作图，就可以得到图 73 这种“胖乎乎”的三角形，这种三角形被称为“勒洛三角形”。这种三角形虽然不是圆，但却具有圆的某种性质，即无论在任何角度上，图形的宽度都是相等的（图 74）。这种性质在数学中叫作“等宽性”或“定宽性”。既然图形的宽度恒定，那么就可以用来制作井盖了。

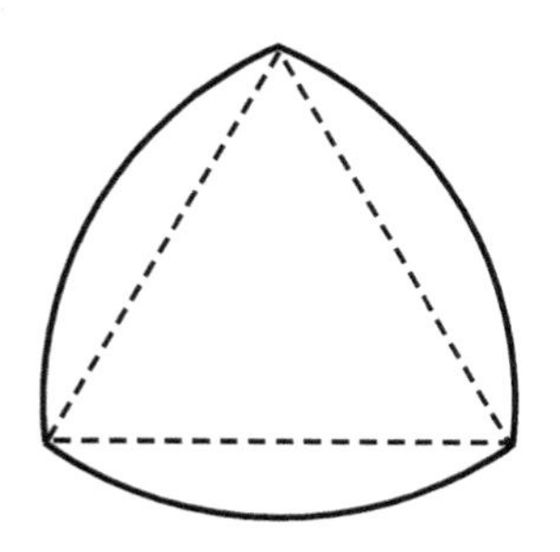

图 73　勒洛三角形

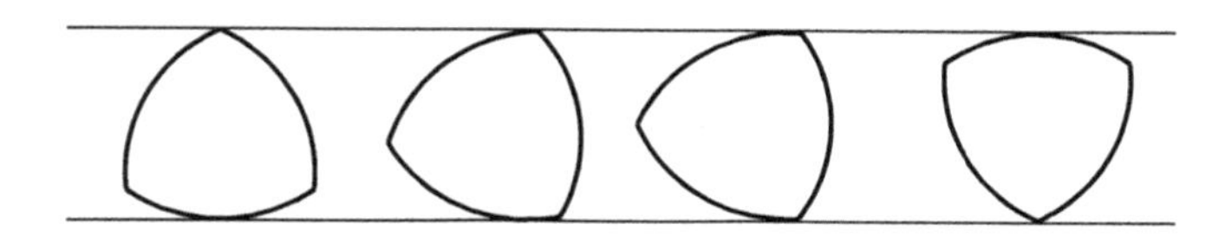

图 74　勒洛三角形的等宽性

同样，正五边形、正七边形也可以变形为“圆乎乎”的图形，即勒洛五边形、勒洛七边形（图 75）。

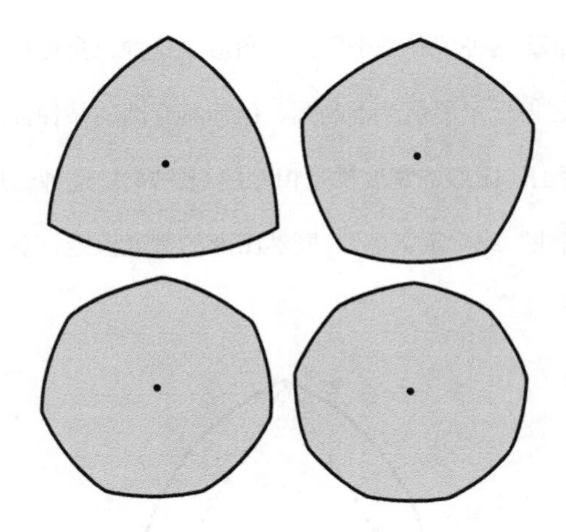

图 75　勒洛多边形

勒洛多边形在现实生活中已经有许多实际应用。不知大家是否见过英国流通的 20 便士、50 便士硬币，这两种硬币的形状实际上是勒洛七边形（图 76）。

图 76　英国的 50 便士硬币

仔细看的话，是可以发现这些硬币的微妙弧度的。英国政府没有采用单纯的正七边形的设计，而是颇费心思地使用了有弧度的勒洛七边形。从这小小的细节上，也能让人感受到昔日英国的荣光。

现在，总算搞清楚了井盖形状的问题。不过，问题的解答中也延伸出了另一个疑问：如果可以使图形的边具有弧度，那是否可以使角也具有弧度呢？

当然，这个也是可以实现的。以勒洛三角形为例，以该三角形的曲边上某一点为圆心，画一个任意半径的圆。然后，使这个圆沿着曲边运动一圈，得出的与此圆相切的曲边三角形（图 77）就是我们的目标图形。同时，这也是一条等宽曲线。

其他的勒洛多边形，也可以采用同样的方式调整。

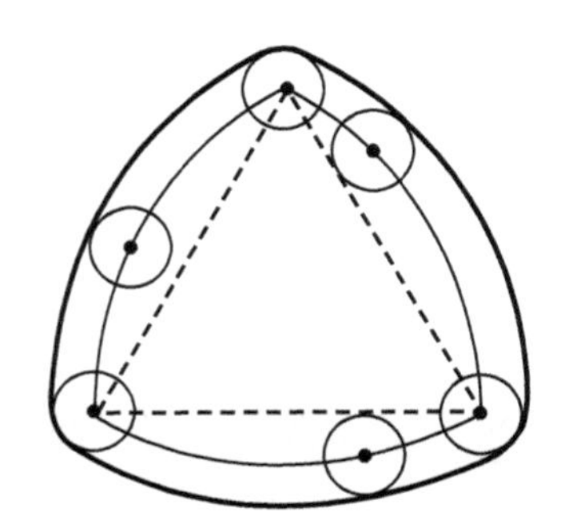

图 77　使勒洛三角形更圆滑

此外，除了上文中提到的“等宽性”以外，勒洛多边形还具备其他一些非常特殊的性质。例如，勒洛三角形的周长，计算如下：

$$3\times 宽（等边三角形的边长）\times \frac{\pi}{3} = 宽 \times \pi$$

而这个公式，和直径等于其宽度的圆的周长公式是一致的，如下：

$$圆周长 = 直径（宽）\times \pi$$

不只是勒洛三角形，勒洛五边形、勒洛七边形……不管是几边形，有几个角，结果也是同样的。这是因为这些图形的周长都可以用下面的公式计算：

$$N(角的个数)\times 宽（多边形的边长）\times \frac{\pi}{N} = 宽 \times \pi$$

最后还要说明一下的是，勒洛多边形也可以变化为立体的多面体，且其曲面也具备“等宽性”。以正四面体为例，类似用圆规画勒洛三角形的弧边一样，可以在正四面体的各个平面上制作出等宽的曲面（图 78）。这种多面体类似我们常见的栗子，是不是很可爱？可见，具备等宽性的曲面，也不只是球面。

（引用自 *How round is your circle?: where engineering and mathematics meet*, John Bryant and Chris Sangwin, Princeton University Press，2008.）

图 78　勒洛多边形（立体）示例

鲁珀特亲王之问

10月8日

数学的美妙在于思考的自由性。但是，今天遇到的这个问题就有点太不靠谱了吧！

> 问题：用4条直线把下图中9个点连接起来，要求4条直线是连续的、一笔画出来的。
>
> ●　●　●
>
> ●　●　●
>
> ●　●　●

我试了各种办法，都没有成功，现在我倒是有些怀疑这道题是不是有问题。虽然说可以用4条直线完成要求，但是却无法一笔画出来啊！无论如何总会存在连不上的点。如果不要求一笔画出，只要用3条线就可以了，而且我觉得好像这样更合理一些。

3条

惯性思维的陷阱

在解答数学问题时，人们很容易就会掉入自己的“惯性思维”的陷阱之中。这样的例子比比皆是，下面我们就先从一个热身小实验开始，试试你是否也会被“惯性思维”误导。

这个小实验针对的就是 X 先生这次日记中的数学问题。如图 79 所示，要把 9 个点用直线连接起来，确实 3 条直线已经足够。

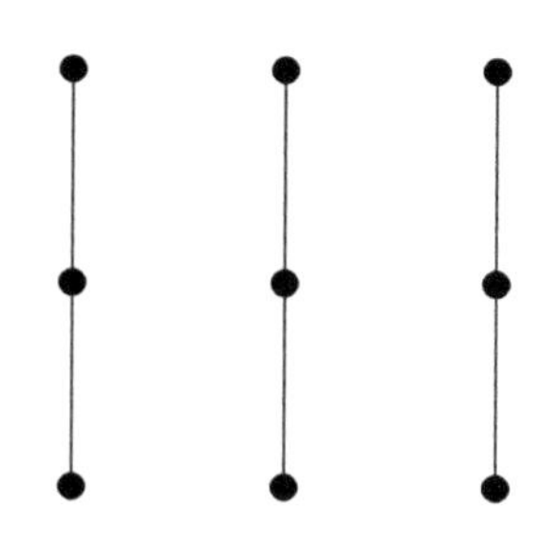

图 79　3 条直线就足够!

但是，请注意，这种连接方式并未满足题目中“一笔画出”的要求。题目要求应该是:“笔不能离开纸面，画 4 条连接的直线，使其可以通过图中全部 9 个点。”

那么，图 80 的这种画法可以吗?

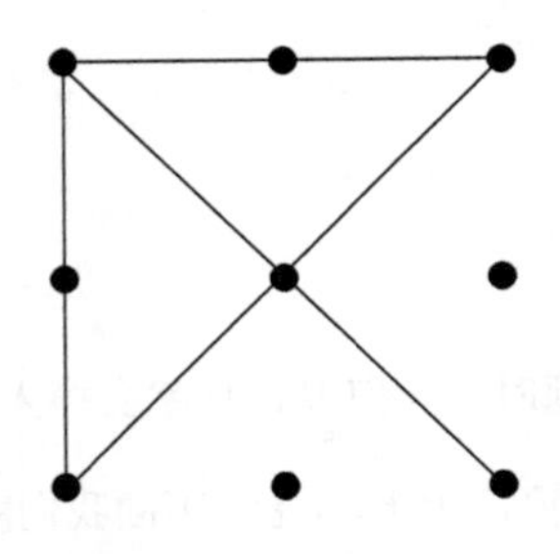

图 80　试试一笔画下去!

似乎还是不对，有 2 个点还没有连接起来。

到底怎么弄才行呢？别急，马上就给大家公布正确答案了。正确的画法就是图 81 的方法。

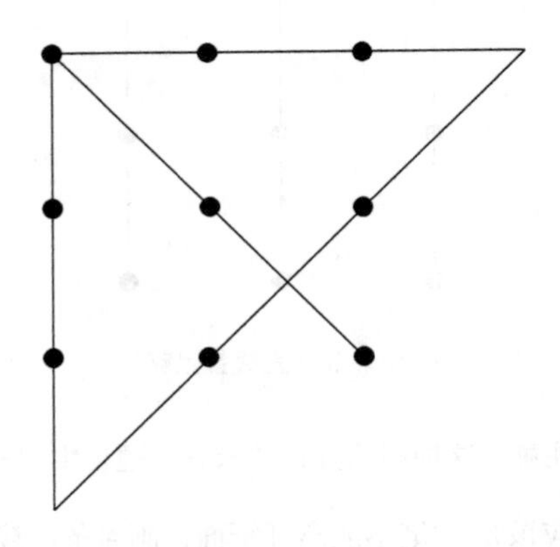

图 81　成功地一笔画出 4 条直线串联起 9 个点

看了这个答案，有没有恍然大悟？"原来直线超出这 9 个点的范围也可以啊！怎么不早说呢？"肯定有人会这样抱怨。但是，回过头来再好好看看题目吧，"用 4 条直线把下图中 9 个点连接起来，要求

4 条直线是连续的、一笔画出来的”，原文中根本没有提到“不能超出范围”这样的限制条件。

我曾拿这个问题难倒过不少人，大家解答起来都非常费劲儿。但是，其中有一个人马上就给出了正确答案，而且他并不是搞数学研究的，真是太厉害了。别看我是专门研究数学的，之前解答这个问题的时候，也是画了很多条线，试了各种方案，才最终找到答案的。

回过头来再审视一下这个问题，你是不是也有这种感觉：答案明明就在眼前，为什么当时就是想不到呢?

我在从事数学研究的过程中，也经常会遇到这种问题，研究者必须努力突破自己思维的盲点，才能找到真相。在找到真相的那一刻，一种喜悦感会油然而生。同时，可能还会有一丝懊悔，自己之前竟然根本都没往这方面想，真是太蠢了……

言归正传，热身之后，下面我们就要进入正题了。

这次的问题是：

能否在任意一个正方体上凿一个洞，使得比它大的正方体通过这个洞？

这个问题是由 17 世纪的鲁珀特亲王（Rupert of the Rhine）提出

的。之后就以他的名字命名为“鲁珀特亲王之问”。

如果是同样大小的立方体，当然可以实现一个立方体通过另一个立方体。那么如果存在立方体A和立方体B，B的体积大于A，那么立方体B是否可以从立方体A上的孔洞中通过呢？

图82　鲁珀特亲王

一般人的第一反应大都是：“这不可能吧？”但是，请回想一下前面我们讨论过的井盖话题，正方形的井口是可以让大于它的正方形井盖掉下去的。条件是这个井盖的边长小于井口边长的$\sqrt{2}$倍，也就是小于其对角线的长度。

如果这种情况是成立的，那么同理，我们现在讨论的“鲁珀特亲王之问”也有可能是成立的。体积较大的正方体，在某种情形下是能够从比自己体积小的正方体中通过的。

想象一下，究竟在什么情况下才能实现呢？下面我们来逐步探索一下。

“以小吞大”的理论可能性

首先我们尝试斜向开凿立方体，看是否能够让体积大于它的立方体通过。设存在立方体A和立方体B，B的体积大于A。我们将立方体 B 的一个面的中心，顶到立方体 A 在图 83 中正对我们视角的顶点上，然后想象推进立方体 B 的情况。当推进立方体 B 到立方体 A 各棱边中点时，切断立方体 A，立方体 A 会形成一个截面。

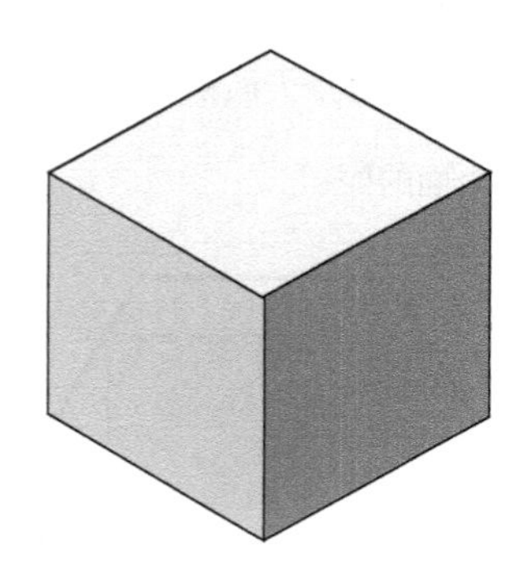

图 83　立方体 A 正对我们视角的一个顶点

此时的截面，如图 84 所示，变为了一个正六边形。这个截面的面积，应该大于立方体 A 的任意一面的面积。

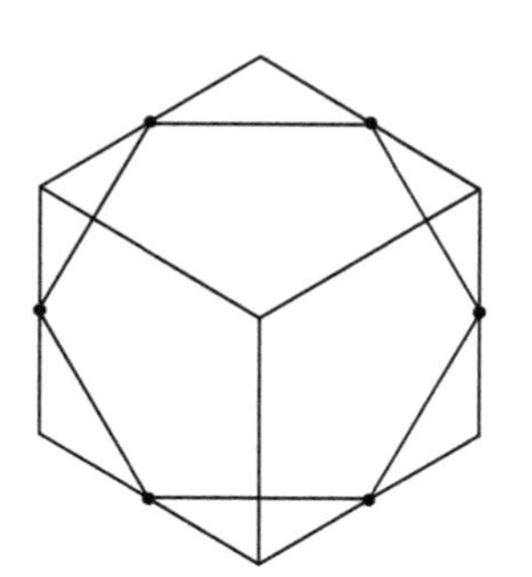

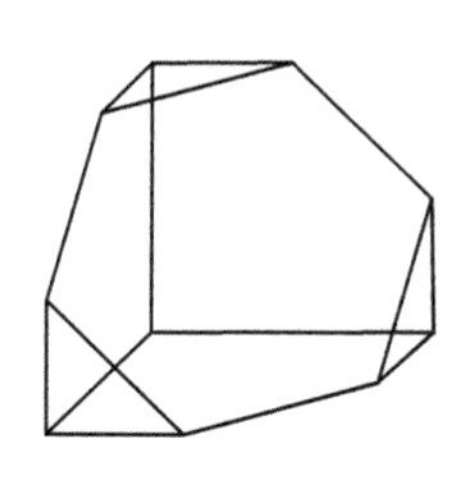

图 84　正六边形截面

假设正方体 A 的棱长为 1，那么这个正六边形的边长就等于：

$$\frac{\sqrt{2}}{2}=0.707\,106\,7\cdots$$

虽然这个数字要小于正方体 A 的棱长 1，但是我们真正要关注的是内切于这个截面的正方形的最大面积（图 85）是多少，该面积是否大于立方体 B 任意一个面的面积。

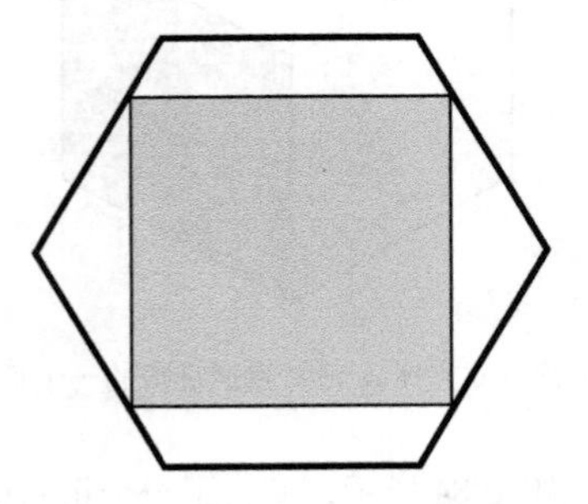

图 85　内切于正六边形截面的面积最大的正方形

这个内切的正方形的边长可如下计算：

$$\frac{3\sqrt{2}-\sqrt{6}}{2}=0.896\,575\,4\cdots$$

从这个结果来看，这个数字比原本的立方体 A 的棱长 1 要小，那么更大的立方体 B 肯定是通不过的。而且，这个正方形孔洞在视觉上看起来也比较小。很遗憾，经过验证，这个方法行不通。

解不开“鲁珀特亲王之问”，其实是很正常的事情，大家不必气馁。数学家们在这方面已经做了很多工作，接下来，我们就来看看荷兰数学家彼得·纽兰德（Peter Newland，1764—1794）给出的一种非常完美的解决方法。

如图 86，纽兰德先将正方体 A 的 4 条棱边均按照 1∶3 的比例分割，分别得到了 4 个分割点 F、A、D、G。将这 4 个点连接起来形成的四边形，恰好是一个正方形，这是该解法的要点之一。实际上，只有当分割比例为 1∶3（或者是相反的 3∶1）时，分割点 F、A、D、G 连接而成的四边形才能形成正方形的截面。

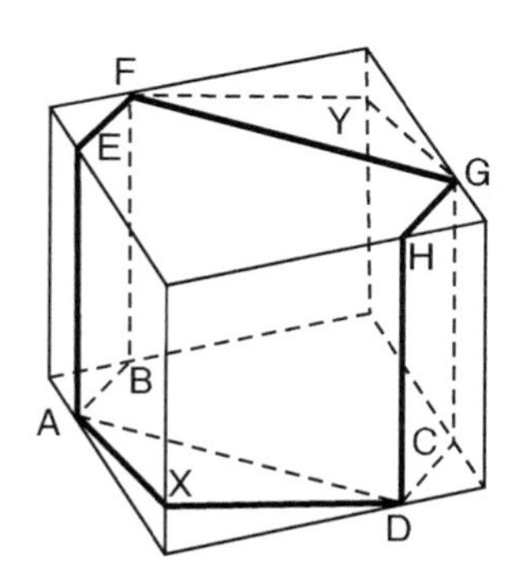

图 86　彼得·纽兰德的解答

现在，我们来计算一下正方形 FADG 的边长。如果边长大于 1，那么经由立方体 A 的这个截面，立方体 B 就可以顺利通过了。

先来计算一下 FG 的长，如果能够想到勾股定理的话就非常简单了（图 87）。FG 与相邻两条边构成了一个以 FG 为底边的等腰直角三角形，已知腰长为 $\frac{3}{4}$，则底边 FG 为：

$$\frac{3}{4}\times\sqrt{2}=\frac{3\sqrt{2}}{4}=1.060\ 660\ 1\cdots$$

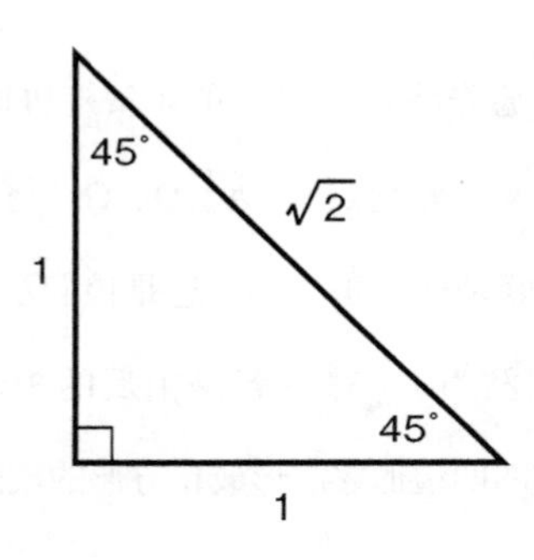

图 87　三角尺

虽然相差不大，但这个值确实是大于立方体 A 的棱长 1 的。

下面，我们需要验证 FG 是否与 FA 相等，即四边形 FADG 是否是正方形。如图 88，在直角三角形 EFA 中，应用勾股定理，可计算得出 FA 的长如下：

$$FA=\sqrt{1^2+\left(\frac{\sqrt{2}}{4}\right)^2}=\frac{\sqrt{18}}{4}=\frac{3\sqrt{2}}{4}$$

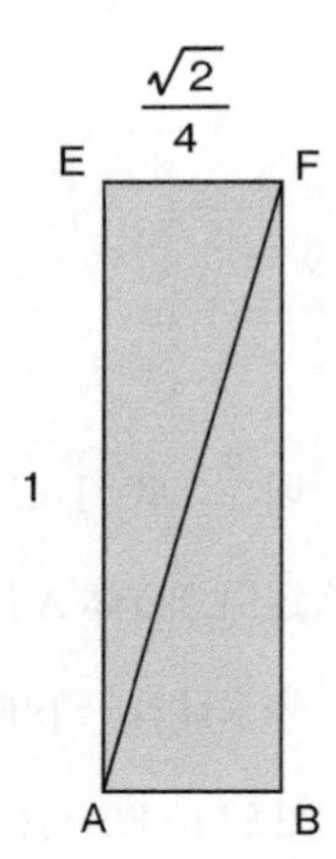

图 88　求斜边 FA 的边长

现在我们可以得出结论，因为 FA=FG，所以四边形 FADG 为正方形，且边长大于 1。所以在立方体 A 上，经由正方形 FADG 这个截面，确实可以令体积略大于立方体 A 的立方体通过。

“以小吞大”的实验证明

上述推导过程给我们提供了理论上的可行性证明，那么，现实中也能够通过实验来证明吗？实际动手试一试就知道了。

第一步，需要制作如图 89 的两个体积略有差异的纸质立方体模型。左边体积稍大，右边体积较小，右边的立方体则是本次实验的主体，需要在它上面剪出一个洞来，使得左边较大的立方体能够从其中通过。

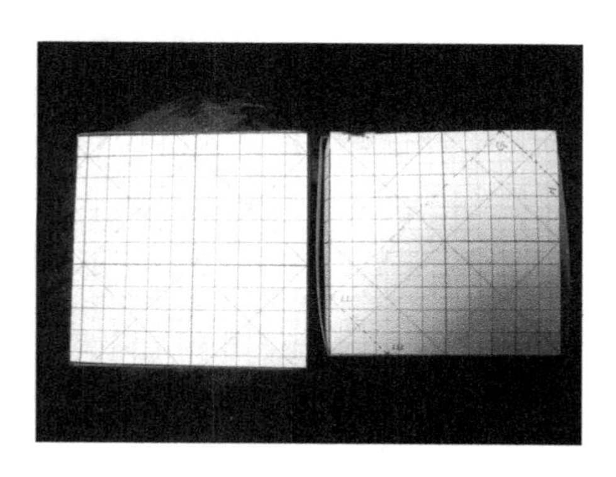

图 89　两个体积不同的纸质立方体模型

第二步，根据上文中的比例分割点，沿着右侧立方体上的虚线进行裁剪，得到我们计算出的那个孔洞截面（图 90）。

图 90　通过计算推导出的“洞”

最后，将体积较大的立方体放入该孔洞中，图 91 就是立方体“以小吞大”的场景。

图 91　以小吞大

这个小实验证明了彼得 · 纽兰德给出的解答是完全可行的，而且非常完美！

这个实验用日常工作中常见的纸张就可以完成，有兴趣的读者也完全可以自己动手一试。

最后，我们再一起来回顾一下，在解答该问题的过程中，最重要的是哪个环节呢？那就是，以研究立方体截面的视角，来抓住问题的关键。

我们可以这样想象："如果拿一把锋利的菜刀切割该立方体，切口允许正方形通过的情况有哪些。"这样的话，就可以一步一步找到答案。解答图形问题，虽然灵感常被视为必要因素，但其实锻炼自己的逻辑思考能力反而会更有效果。

线段的旋转之舞

10 月 15 日

今天的这个问题，在我看来非常简单。

> 问题：设一条长度为 1 的线段，将线段在平面上连续旋转 180 度，线段扫过的最小面积是多少？

答案显而易见，当然是以该线段为直径的圆面积最小！

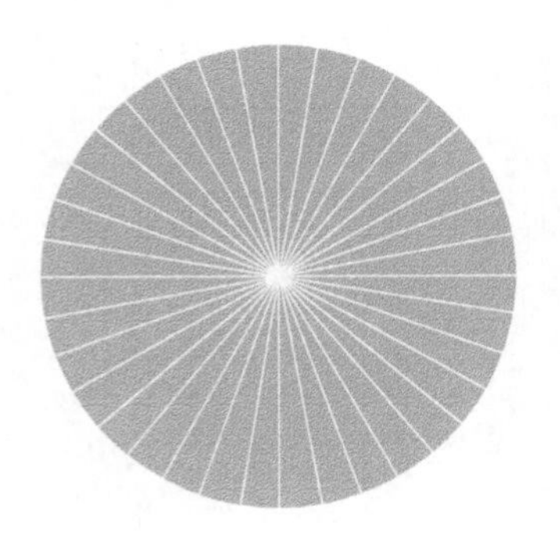

图 92　直径为 1 的圆

该圆的半径为 0.5，所以面积可以计算如下：

$0.5 \times 0.5 \times \pi = 0.25\pi = 0.785\,398\cdots$

哈哈，问题解决！

针的旋转

X 先生这篇日记中提到的问题，是日本东北大学数学系的挂谷宗一教授于 1917 年提出的，又被称为“挂谷问题”。

比较简单的一种情形，就是日记中提到的，以线段的中点为中心旋转，扫过的区域确实就是一个圆。其面积和日记中的计算结果相同：

$$0.5 \times 0.5 \times \pi = 0.25\pi = 0.785\ 398\cdots$$

但是，如果这么简单就得到了面积最小的图形的话，挂谷教授就没必要特地提出这个问题了。其实，还存在面积比圆更小的情况。

例如，前文在讲解井盖问题时，我们提到了非圆形的井盖——勒洛三角形（图 93），这就是一种可能。勒洛三角形具有等宽性，所以用线段是能够旋转出勒洛三角形的。

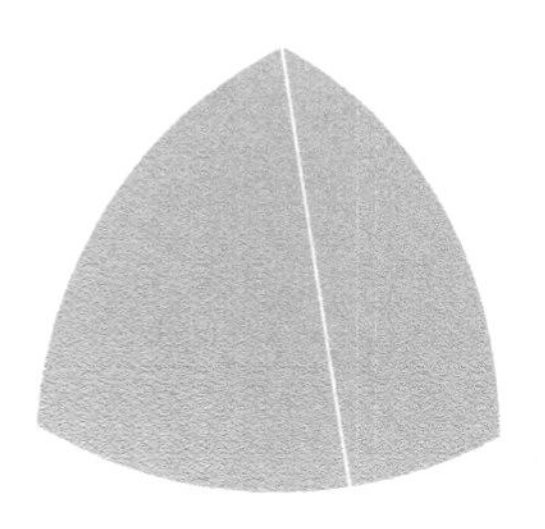

图 93　勒洛三角形

那么如何计算宽度为 1 的勒洛三角形的面积呢？可以按照如下步骤计算。

第一，勒洛三角形可以看作是如图 94 的 3 个半径为 1、圆心角为 60 度的扇形的叠加，这三个扇形相加圆心角为 180 度，相当于一个半圆。因此 3 个扇形的面积也就等于半径为 1 的圆面积的一半，也就是 $\frac{\pi}{2}$。

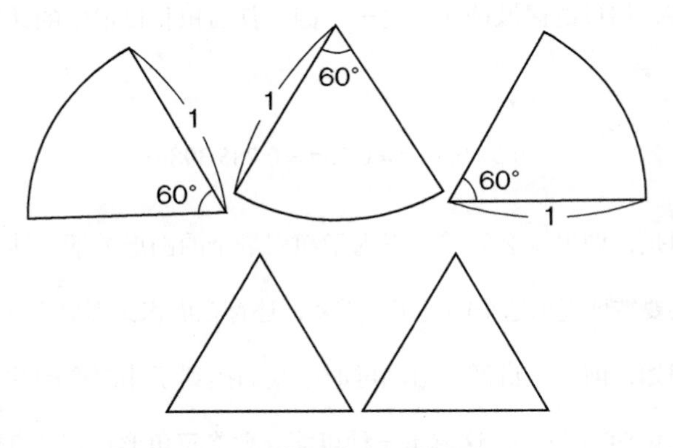

图 94　计算勒洛三角形的面积

第二，3 个扇形叠加后的重合区域，是一个边长为 1 的正三角形。要计算勒洛三角形的面积，还需要减去 2 个重复的正三角形的面积，也就是减去

$$2\times\frac{\sqrt{3}}{4}=\frac{\sqrt{3}}{2}$$

最后，可以得出勒洛三角形的面积为：

$$\frac{\pi}{2}-\frac{\sqrt{3}}{2}=0.704\ 770\cdots$$

这个数字要稍微小于刚才我们计算出的圆形的面积（$0.25\pi=0.785\ 398\cdots$），因此，挂谷教授也曾认为勒洛三角形就是正确答案。

究竟还有没有比这个结果面积更小的图形呢？

比如，考虑到勒洛三角形是由等边三角形变形而来的图形，那我们是不是可以直接用等边三角形试试呢？

如果要满足长度为 1 的线段在其中可以旋转这个条件，那么只要这个等边三角形中，最短的宽度恰好为 1 不就可以了吗？

图 95 给出的就是一个高等于 1 的等边三角形。根据勾股定理可得出等边三角形的边长为$\frac{2}{\sqrt{3}}$。那么，面积就等于：

$$\frac{2}{\sqrt{3}}\times 1\div 2=\frac{1}{\sqrt{3}}=0.577\ 350\ 2\cdots$$

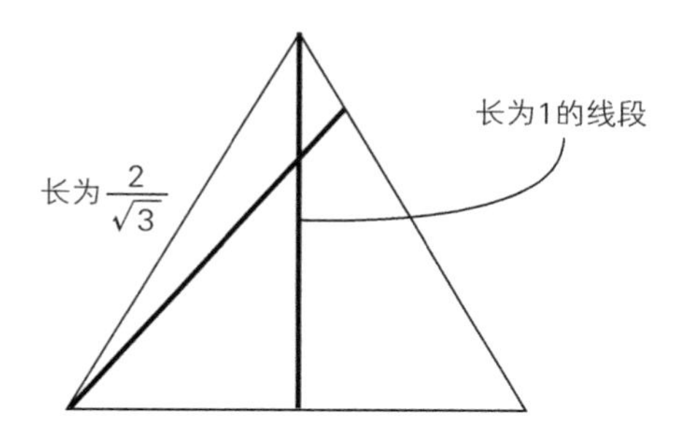

图 95　高等于 1 的等边三角形

这个数字要远远小于刚才得出的宽度为 1 的勒洛三角形的面积，看来等边三角形完全可以行得通。

如果等边三角形可以的话，那么图 96 的这种图形是不是也可以呢？

这个图形的样子，就像是一个因为肚子饥饿而变得很瘦的等边三角形，但比前者面积更小。

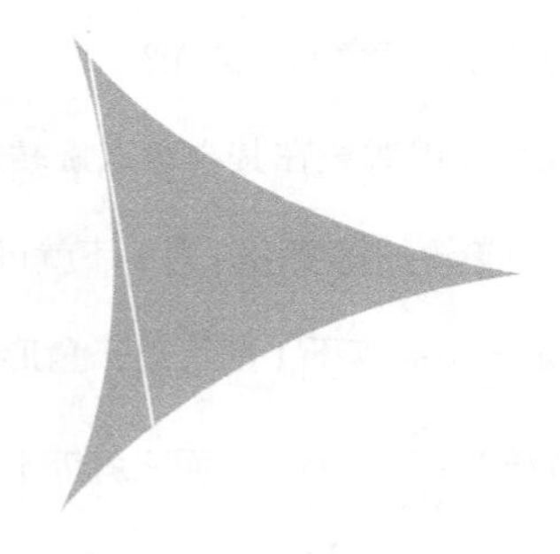

图 96　面积更小的轨迹（三尖内摆线）

在几何学中，这个图形叫作“三尖内摆线”。把勒洛三角形超出正三角形的弧形部分沿正三角形的边对折回来，折回来的弧线就可以形成这样一个“减过肥的三角形”。

三尖内摆线，是指以一个半径较大的圆为定圆，使一个半径较小的圆在其内部沿着圆周滚动一圈，动圆圆上的一个固定点所经过的轨迹。当然，前提是大小圆的半径比为 3 : 1。

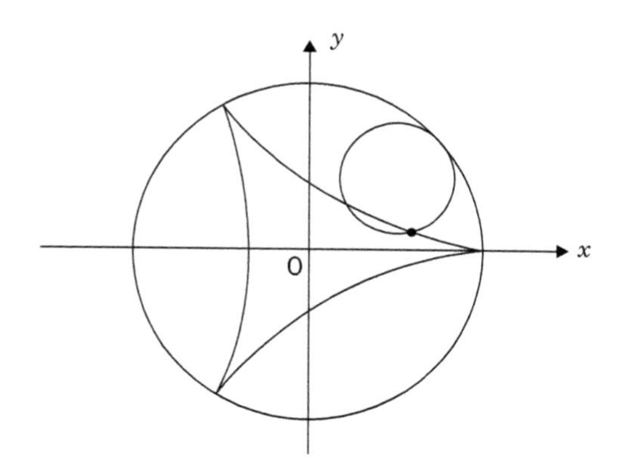

图 97　三尖内摆线即圆的内摆线

圆的周长等于 $2\pi\times$ 半径，这两个圆的半径比为 3 : 1 的话，周长比则为 3 : 1。那么可知，小的动圆在大的定圆中整整滚动了 3 圈。

上面的前两个例子，也就是等边三角形和三尖内摆线，它们的面积都比勒洛三角形面积要小，这一点是挂谷宗一教授的两位朋友，藤原松三郎和窪田忠彦所提出的，挂谷教授的研究笔记中有过如下记载：

现在，窪田君和藤原君针对这个问题给我提供了参考意见，他们的观点令我认识到之前我想出的答案，也就是第一个图形的例子是不准确的。他们两位指出，高等于 L 的正三角形应当是线段扫过面积更小的图形。

而且，窪田君更是给我演示了一个比正三角形面积更小的图形的例子，不过这个图形是凹状的。[28]

从以上这段描述中，我们能够一窥窪田先生给出三尖内摆线的解答的经过。

经过一些复杂的计算，可以得出三尖内摆线图形的面积为[29]：

$$\frac{\pi}{8}=0.392\ 699\cdots$$

当时的很多数学家，基本上都认为挂谷问题的正确解答就是三尖内摆线图形，绝不会有错了。

终极答案令人出乎意料！

但还必须考虑到，如果认定三尖内摆线图形是面积最小的，那么就应该有充分的证据能够证明“确实不存在比三尖内摆线图形面积还小的情况”。但是，相关研究中并没能够找到这方面的确凿证据。这就说明，极有可能还存在其他图形，其面积比三尖内摆线图形更小。

在诸多挑战挂谷问题的数学家中，数学家贝西科维奇（Besicovitch，1891—1970）给出了最终的答案。贝西科维奇的解答可表述如下：

定理（贝西科维奇 1927 年）

设想一个平面图形，长度为 1 的线段可以在其中连续地进行 180° 旋转。在满足这个条件的所有图形中，存在面积可以任意小的图形。

换句话说，线段扫过的面积可以小到接近于 0！

关于这个结论的证明，贝西科维奇原本的推导过程稍显复杂，在这里我们使用德国数学家佩龙（Perron）的思路来大致讲解一下贝西科维奇的证明。

首先，请大家了解一个性质：

（针的移动特性）将一根针从一条线上移动到另一条线上时，针的移动范围可以无穷小（图 98）。

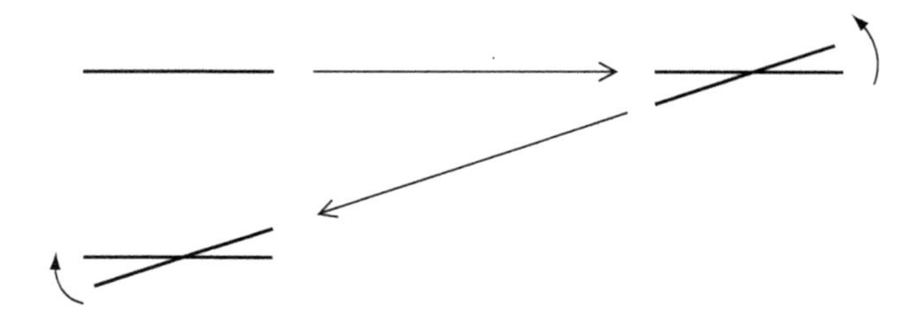

图 98　移动针

要注意，这里面第一个要点是，如果是使针沿针尖的方向移动，那么这根针扫过的面积不会增加。因为其移动轨迹为直线，而直线的面积本来就是 0（如图 98 中上方的水平箭头所示）。

第二个要点是，如果将一根针沿针尖的方向移动到远处，那么只要把这根针的角度稍加变化，就能移动到另一条线上（如图 98 中下方的斜箭头所示）。

第二点听起来有点拗口，该怎么理解呢？用实际生活中的例子来说明会更好懂一些。

比如我们在用相机拍摄远处的物体时，手稍微一抖，被拍摄的物体就有可能会从相机取景的镜头中消失。同样的道理，拍摄对象距离我们所在的位置越远，我们手上的微小动作对拍摄结果的影响就会越大。这其实就是上述第二点性质的反向应用。

在了解了关于针的移动性质后，我们先假设有一个高等于 1 的等边三角形。在前文中我们已经分析过，在这样一个等边三角形中，长度为 1 的针可以成功旋转 180 度。

之后，把这个三角形从正中间平分为 2 个直角三角形，再按照图 99 所示，将两个直角三角形部分叠加在一起。

叠加以后形成的新的图形，其面积较原本的等边三角形有所减小，而减少的部分就等于两个直角三角形重叠部分的面积，即图 99 中的阴影部分。这一点就是问题的关键。

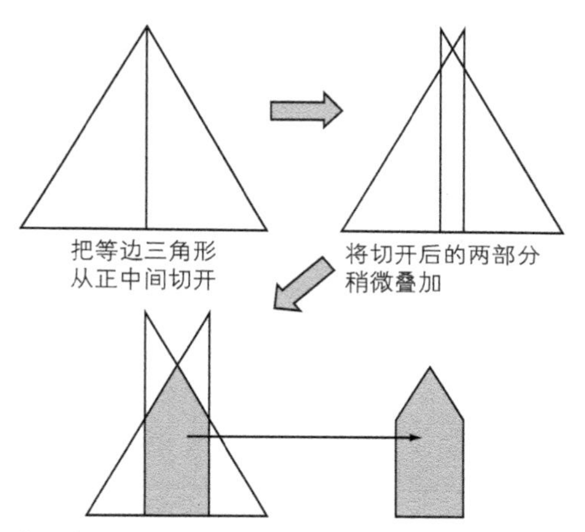

图 99　将等边三角形平分后的两部分稍微重叠

在这个新的图形中，重叠部分的高度小于 1。因此，按照常理来说，长度为 1 的针显然不能顺利旋转 180 度。但是，如果我们在这里应用上述关于针的移动的第二个性质，进行如图 100 所示的操作，就可以实现了。

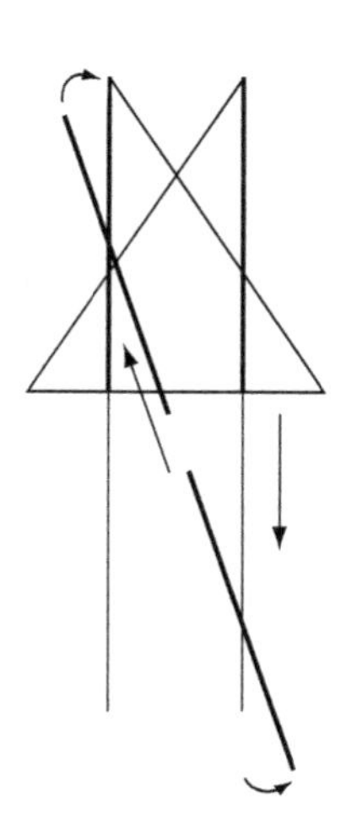

图 100　针在两个三角形间移动的特殊方法

按照图 100 的方法，我们可以试着重新展开更为细化的分析。这一次我们要把原始的大等边三角形切分为 8 个等高、等底的小三角形，如图 101。然后和刚才做法相同，把它们两两稍微叠加在一起，就得到了 4 个双峰状的图形。

下一步，继续把这 4 个图形中相邻的图形两两叠加在一起，得到 2 个新的图形。再把这 2 个图形也叠加在一起，最终得到一个有 8 个枝杈的图形，即图 101 中箭头最后指向的那个图形。

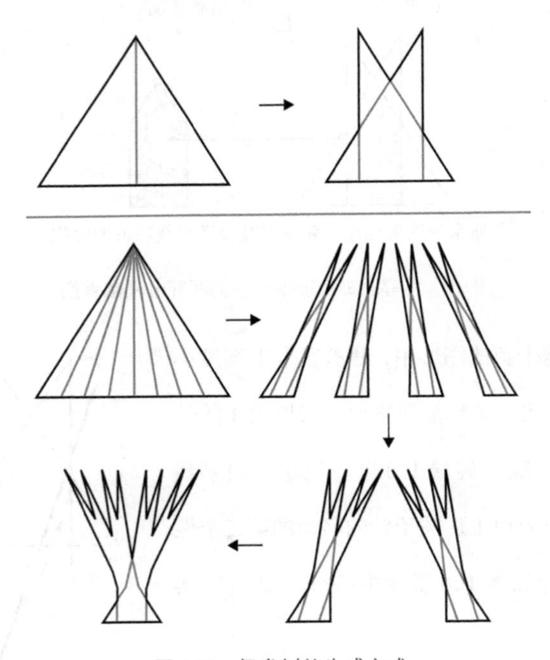

图 101 佩龙树的生成方式

摘自：K. J. Falconer 著、畑政义译，《分形集合几何学》，日本近代科学社（1989 年）

类似这样，如果我们把三角形分为 16 个、32 个、64 个……显然整个图形的面积可以越来越小，并且可以证明图形面积无限趋近于 0。这种树状的图形就叫作“佩龙树”（The Perron Tree）[30]。

在上述分析过程中，我们利用了“针的移动的相关性质”，使针能够在各个三角形中顺利移动。具体来说，针可以旋转 60 度，即正三角形顶角的大小，在三角形的每一条边上都重复这一过程，就可以实现 180 度的旋转了。

关于挂谷问题，不仔细思考的话，很多人在第一眼看到时肯定会把它归类到“脑筋急转弯”之类的问题里。但是实际上，在后来的数学发展中，挂谷问题所构建的图形已被应用到了实分析学（Real analysis）、偏微分方程式等数学分析学中最深奥的问题研究之中，成为了非常重要的研究工具。挂谷教授提出的这个简单、朴素的问题，对现代数学的发展带来了巨大影响。

一些貌似简单的问题中往往藏匿了深远的意义。本节所讨论的挂谷问题就是一个实例。细细品来，真是不得不为之叹服！

托里拆利小号

12月7日

今天的这个问题，总让我觉得有点儿不对劲儿，这种题应该没人能解出来吧？因为根本就没有答案！

> 问题：存在一个杯子，杯子的容量是有限的，但即使用尽地球上所有玻璃材料，也不足以制作出这个杯子。这个杯子究竟应该如何制作呢？

“即使用尽地球上所有玻璃材料，也不足以制作出这个杯子”，意思是说这个杯子的表面积是无穷大的，也就是说这个杯子表面是无限延伸的。但是这样的话，它的体积也应该会同步增大的啊，题里面却又说到“容量是有限的”，这难道不是自相矛盾的命题吗？

有限的体积与无限的表面积

难怪 X 先生会不服气，这个问题乍看上去确实有点儿古怪，有悖于常人的直觉。另外，这个问题也有别于之前的问题，我们无法通过实际动手去一试究竟。只能通过思考，也就是所谓的思想实验来进行验证。

换句话说，这道题也可以理解为："如何在理论上构造一个体积有限、表面积无限的图形。"

这么想来，命题就是要设计一个特殊的容器，为了使理论设想的过程更为形象，我们可以将其想象为一个现实中存在的容器，比如一个玻璃茶杯。

对于茶杯来说，使用者关注的是"这个茶杯究竟可以装多少水"；而茶杯的生产制造者则更加关注"制造茶杯究竟要耗费多少原材料"。这和我们理论设想中的要点是一致的。

为了方便推导，我们要进行一些理想化假设。首先假设玻璃茶杯的厚度无穷小，小到可以忽略不计。这样的话，在茶杯上盖上一个非常薄的茶盖，整个茶杯的体积就近似等于其容量（容积）。

茶杯的表面积，则基本决定了制造茶杯需要多少原料（玻璃）。

基于上述假设，我们再回过头来思考本节开篇处 X 先生试图解答的问题：

> 问题：存在一个杯子，杯子的容量是有限的，但即使用尽地球上所有玻璃材料，也不足以制作出这个杯子。这个杯子究竟应该如何制作呢？

我们先从数学的角度来考虑，满足上述条件的杯子是什么形状。

首先，给出一个无线延伸的反比例函数曲线 $y=\frac{1}{x}$（图 102）。可以观察到当 $x=0$ 时，y 的值是趋近于无限大的，因此为便于论证，我们以 $x=1$ 为节点，对这条无线延伸的曲线进行截取。这样就可以得到一条极度细长的曲线，这条曲线是向坐标轴右侧无限延伸的。当然，图 102 中只给出了这条曲线有限的一段，理论上，完整地呈现出来的话应该是像一条无限延伸的细长尾巴。

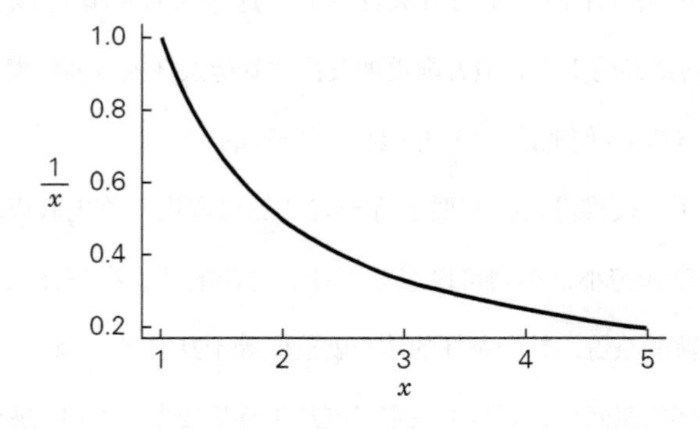

图 102　反比例函数曲线

将这条曲线绕着 x 轴旋转一圈，就可以得到图 103 中的图形。

图 103　托里拆利小号

图中呈现的只是这个图形的一部分，理论上这是一个无限延伸的图形。这个图形已经不太像茶杯，更像是一个小号。数学上将这个特殊的形状命名为“托里拆利小号”，以纪念其发现者——意大利数学家托里拆利。

这个图形的特点为体积有限，而表面积无限。大家能从图中体会到这一点吗？或许会略微有一些难度吧。

下面我们就来分析一下这个图形。

首先，来看一下它的体积。换言之，就是当我们把这个小号立起来，从较宽的端口注满水时，水的注入量大概是多少。

计算体积

要计算出小号的体积，首先我们需要用一个与x轴垂直的平面沿x轴纵向切开小号。所得到的截面就是一个近似于图 104 的图形。

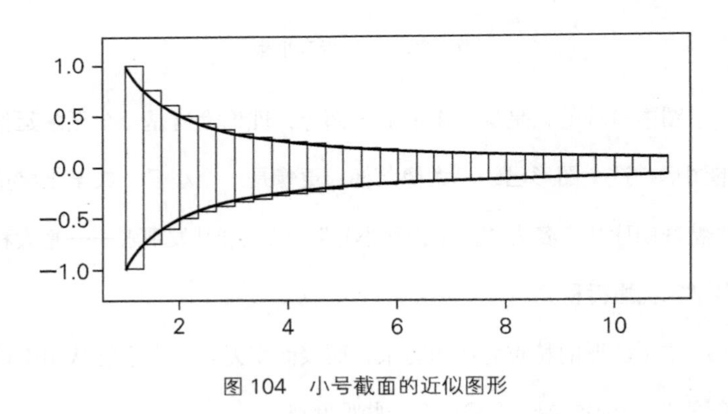

图 104　小号截面的近似图形

这个图形就像是由无数细长的长方形组合而成的，并且这些长方形的长度是不断递减的。将这个图形旋转一周，同样可以得到无数个薄薄的小圆板。

再进一步，我们还可以如图 105 那样，将截面分割得更加精细。

之后，再将此图形绕x轴旋转一周，就可以得到对应的无数个小圆板。此时，所有这些小圆板的体积之和，就非常接近于我们所求的小号的体积了。而如果要进行更精确的计算，则要切割得足够细，使这些小长方形的宽度足够小，小到整个图形无限近似于小号截面时，就可以得出小号体积的正确答案了。

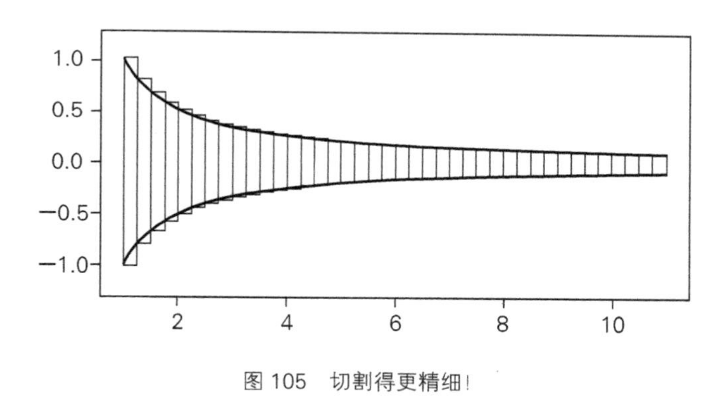

图 105　切割得更精细！

有了明确的操作方法，接下来我们就可以试着去动手计算。

首先，假设小号的长度为 $L-1$，那么要计算小号的体积，就是要计算 x 从 1 到 L 时的体积。根据 L 与小号体积的变化情况，可以绘出如图 106 所示的曲线。

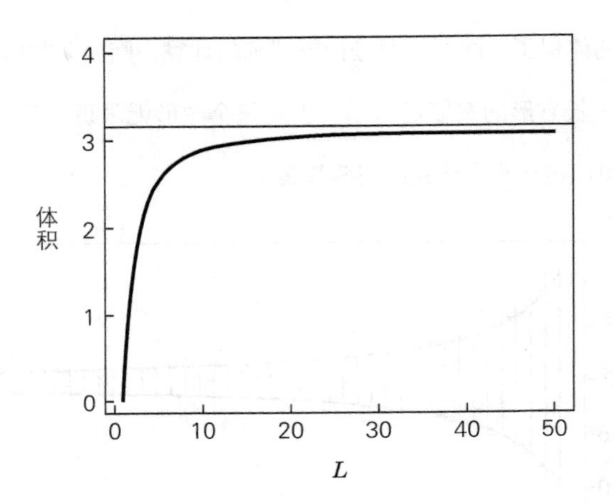

图 106　长度从 1 到 L 时小号体积的相应变化

小号在长度方向上是无限延展的。而随着长度 L 的不断增大，体积的增加幅度却不断放缓。那么，不管长度有多长，可以肯定的是，小号的体积是无法超过某一个特定的数字的。

数学家们根据详细计算已经发现，长度无线延展的托里拆利小号，其体积最终等于 π。

表面积真的是无限吗？

计算完了体积，下一步我们要探讨的就是小号的表面积了。这次，我们需要更精确地截取小号的近似截面。

如图 107，直接截取小号从 x 到 Δx 的一段，得到一个类似圆锥台（将圆锥的顶端整齐切除后得到的立体图形）的图形。

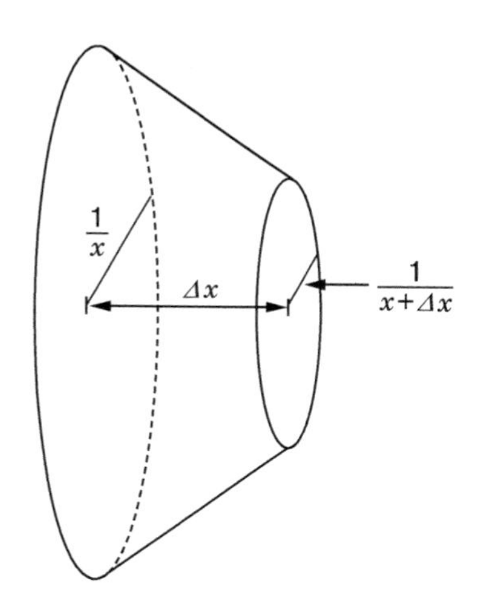

图 107　将托里拆利小号按照厚度 Δx 进行截取

以上仅是一个近似的示意图，如果能够将 Δx 的值缩小，那么把所有这些切割出的圆锥台的表面积相加，不就可以得出托里拆利小号的表面积了吗？

依照这个思路，我们来计算 x 从 1 到 L 变化时小号的表面积，用图 108 的曲线表示。

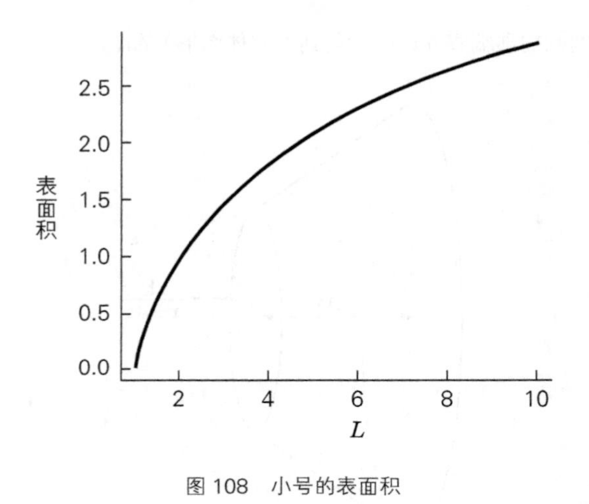

图 108　小号的表面积

可以看到，与图 106 的曲线，也就是小号体积随长度变化的曲线相比，随着长度的增加，表面积增长的幅度更为剧烈。不过，从这个结果也还是无法明确得出小号的表面积是否真的是无限大。

在这种情况下，就需要我们将小号表面积的计算进行更为精细的拆解。如图 109 上方的图形所示，可以用半径为 y 的圆的周长 $2\pi y$，再乘以圆锥台的斜面的长（斜长），计算出单个圆锥台的表面积，然后将所有圆锥台的表面积相加，就可以得出小号的表面积。

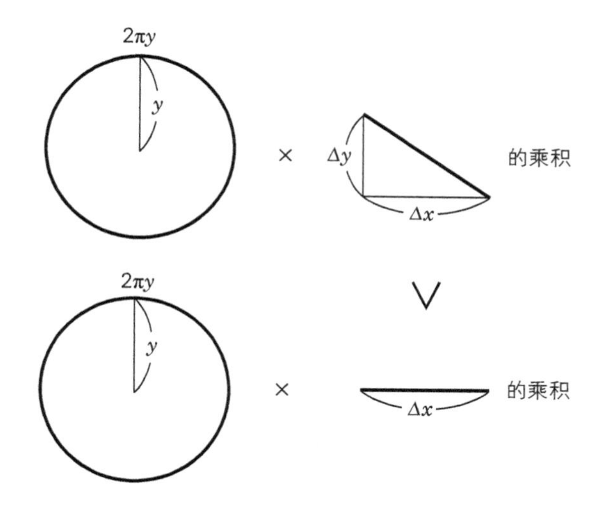

图 109 由下方的乘积来界定表面积

在这里，圆锥台斜面的长虽然是未知的，但我们可以肯定的是，这个值一定大于圆锥台的厚度 Δx 。由此可知，小号的表面积也应当大于“圆的周长（$2\pi y$）乘以 Δx 的值”。

更明确的表述为，小号的表面积大于 $2\pi y \times \Delta x$ 。

那么，此时问题就可以替换一下了，即求 $2\pi y \times \Delta x$ 的值是多少。

当 Δx 足够小时，这个乘积就可以用图 110 的反比例函数的面积再乘以 2π 来表示。

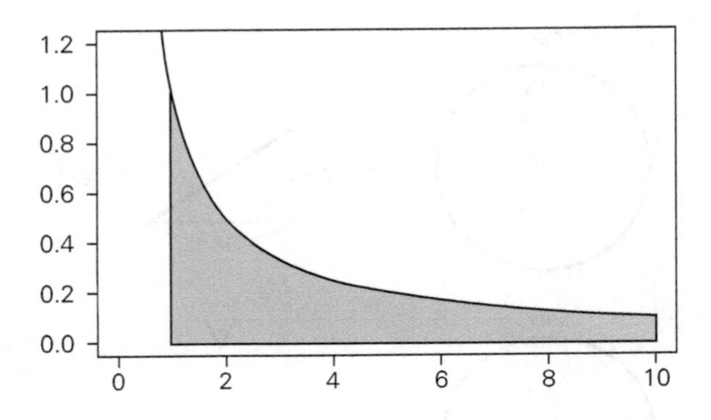

图 110　小号表面积大于图中灰色部分面积乘以 2π 所得的值

反比例函数的面积是无限大的。从 1 到 L 的面积，可以用以下公式来表述：

$$\log L$$

log 在这里可以大致理解为一个和 L 的位数成比例增长的函数。如果 L 是无限大的，那么 $\log L$ 的值也是无限大的。

即使小号的长度（$L-1$）是有限的，当 L 越来越大时，体积也会逐渐接近于一个特定的值，但表面积却是无限增大的。表面积无限大也就意味着，若想制造这样一个物体，则原材料永远也无法满足消耗。[31]

本节中我们探讨了一个架空的问题——无限长的小号，但是现实世界里有些物理现象的性质与该问题是存在关系的。例如，我们都知道日本列岛的面积是有限的。但是海岸线的长度呢？翻开日本地图，粗略一看，会感觉海岸线长度是可以计算的有限数值，但是深入探究、细致测量的话，就会发现这个值越来越大，最终竟会出现数值趋向于无限大的情况。

海岸线的例子和面积、体积都无关。放在这里只是想告诉大家，小号的例子、海岸线的例子都说明了一个道理："有限的世界中潜藏着无限"。

还有很多例子都可以印证这一点。所谓"无限"，不仅仅是研究者想象出的架空的产物，而是实际存在的一种现象。

色彩的难题

12 月 17 日

解答数学问题，有时候动手试一试也是非常重要的。比如下面这个问题：

> 问题：将地图上相邻的国家涂上不同的颜色加以区分，
> 最少需要用几种颜色？[32]

为了解答这个问题，我找来了很多张颜色空白的地图，实际尝试为地图涂色。从结果上来看，我认为答案是五种。这是我多次实验的结果，即使是最复杂的美国的地图，也可以用五种颜色区分开。这个经过了实践检验的答案肯定不会错！

最少是五色吗？

我在上大学时就已经接触过这个赫赫有名的数学难题了。为了确认答案，我还自己亲自动手实验过。这个问题，实际上是求证"用 x 种颜色就足够了"，我想在地图上涂色非常麻烦，不如改用数字区别，给各个国家编号，相邻的国家不能出现同样的编号。

刚开始的时候进展还很顺利，但是每次总是存在一个地方，让我不得不再增加一个新编号。这时候，我只能再退回到前面的步骤，重新分配编号。

这样的实验是非常考验耐心的。我在各种各样的地图上尝试分配编号，大概花费了一整天时间。最终发现，确实只用命题中的 x 种颜色就可以将任何地图都涂色区分。涂色过程中我也遇到了意外情况，不过涂到最后也还是回到了命题的范围内。

那么，命题中究竟是说几种颜色就够呢？现在是时候公布正确答案了。

这个问题源于英国数学家德·摩尔根（Augustus de Morgan）的学生格斯里（Frederich Guthrie）的提问。最初的问题为："将地图上相邻的国家涂上不同的颜色，四种颜色是否就足够？"

对，答案就在这里。"最多只需要四种颜色"是这个问题的关键。

当时，德·摩尔根并未能给出解答，于是在1852年10月23日，他给自己的好友数学家汉密尔顿（William Rowan Hamilton）写信请教："我感觉这个命题是对的，你怎么想？"之后，便有了今天著名的"四色问题"（四色定理）。

下面，让我们来看一下用不同颜色区分相邻区域的示例。我们可以很轻易地画一个需要四色来区分的图形，如图111。这个图形看似简单，但无论如何涂色，都至少需要四色才能区分。

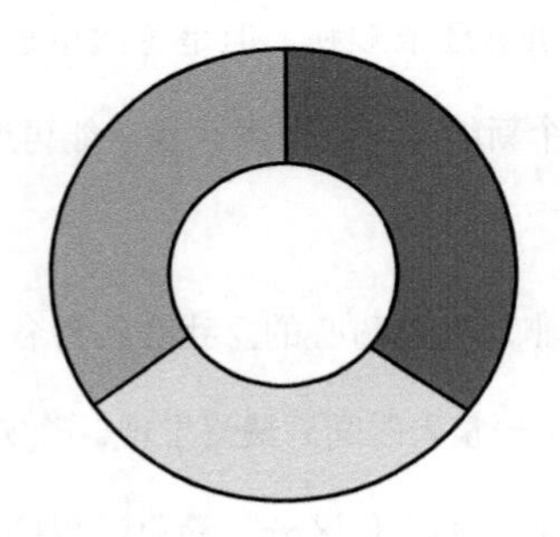

图111　需要四色来区分的地图示例

那么，复杂的地图情况如何呢？图112是为复杂地图涂色的例子。可以看到，这个例子也是仅用四色就够了。

图 112　用四色来区分复杂地图的例子

直觉可能会告诉我们，像前面图 111 那种简单的图形，确实四色足矣，但是地图越复杂应该需要的颜色种类越多才对啊！事实上，只要细致、认真地涂色验证，最终还是会发现四色就够了。

那么，这种现象究竟该如何解释呢？

许多数学家夜以继日地埋头研究，都希望能够证明四色问题。实际上，最先被证明的是相对容易的五色问题，即用五种颜色就可以将地图涂色区分，但四色问题却迟迟无法证明。

尽管有非常多的实例可以用来佐证四色问题，但仅靠实例并不能完全证明定理的正确性。因为这些实例并不能证明“不存在需要五色或更多颜色来涂色区分”的情况。这一点显示了数学的严密性，也是数学有趣的地方。

从平面到球面

自从四色问题被提出，虽然众多数学家都曾挑战证明该问题，但这个问题却迟迟未能解决。当时数学家们普遍采用的都是同一个思路，下面给大家简单介绍一下。

首先，将“在平面上为地图涂色”转化为“在球面上为地图涂色”，大家可以看一下图 113。

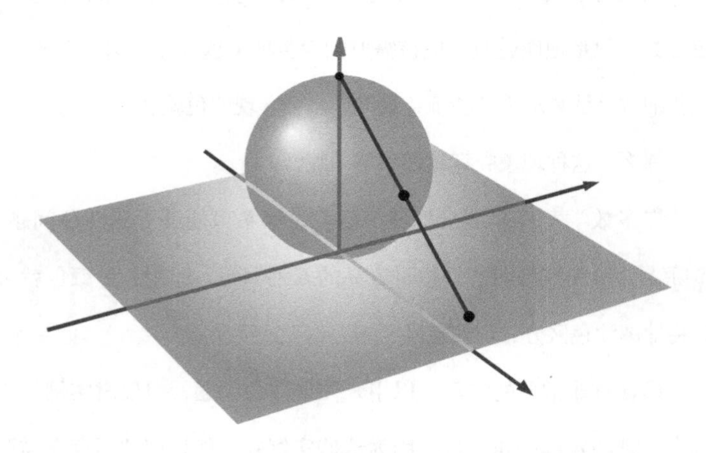

图 113　将平面地图投影到球面

为了便于理解，我们可以把这个球面看作地球。连接地球的北极点与平面上的任意一点作一条直线，这条直线会与球面相交于某一点（非北极点），将这个点定义为直线所连接的平面上的点在球面上的对应点。以此类推，平面地图就可以以点对点的形式映射到球面上。

这样转化后，可以使平面地图的非国家区域（例如世界地图的公海部分）看作一个同样需要涂色的国家。在数学中，类似这种尽量避免例外情况，将问题简化的思考方法很常见。

按照这个思路，四色问题可以换个表述，如下：

> 无论球面上的任何地图，是否仅用四种颜色就可以涂色区分，使得任意相邻两国的颜色不同？

从平面到球面的转换，也使得四色问题的应用更加广泛化。我们也可以思考球面以外的曲面上的地图涂色问题。

数学上在区分曲面时，是以孔洞数量作为标志的。在术语中，孔洞数量被称为“亏格”（genus）。图 114 就给出了亏格分别为 2 和 3 的两个曲面的例子。而我们现在想要证明的是球面上的四色问题，而球面的亏格为 0。

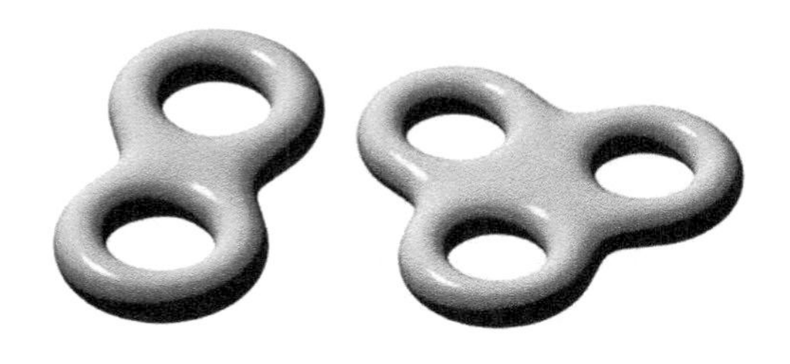

图 114　亏格为 2 和 3 的曲面

数学家希伍德（Percy John Heawood）预测，当亏格为 g 时，将该曲面上的地图涂色区分的话，至多需要以下数量的颜色种类[33]：

$$H(g)=\left\lfloor \frac{7+\sqrt{1+48g}}{2} \right\rfloor$$

1968 年，数学家林格尔（Gerhard Ringel）和杨斯（Youngs）证明了亏格（g）大于 1 时以上公式是成立的。而原本的四色问题，也就是 $g=0$ 的情况，却迟迟没有得到证明。公式理解起来有些抽象，下面我们用表 7 中的具体数字为例来说明：

表 7　亏格 g 与相应的曲面涂色区分时必要的最小颜色数

g	1	2	3	4	5	6	7	8	9	10
$H(g)$	7	8	9	10	11	12	11	12	13	14

例如，亏格为 1 时（这种曲面称为环面），对环面上的地图进行涂色，至少需要 7 种颜色，才能使其中相邻区域颜色不同。我们可以试着构建一个实际的例子。首先，如图 115 所示，假设现在有一张非常柔软的橡胶材质的地图，把地图上编号相同的区域都涂上相同的颜色。

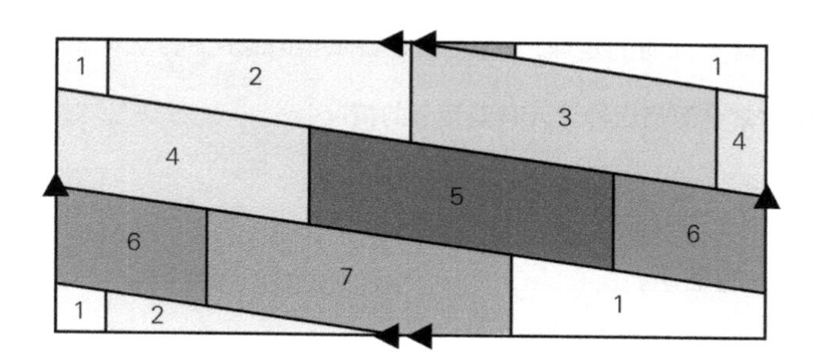

图 115　卷起前平铺的地图

接着我们可以按照图 116 给出的步骤，将这张平铺的地图卷起来，做成一个环状的地图。这个例子中就需要至少 7 种颜色，才能使环状地图的相邻区域颜色都不相同。

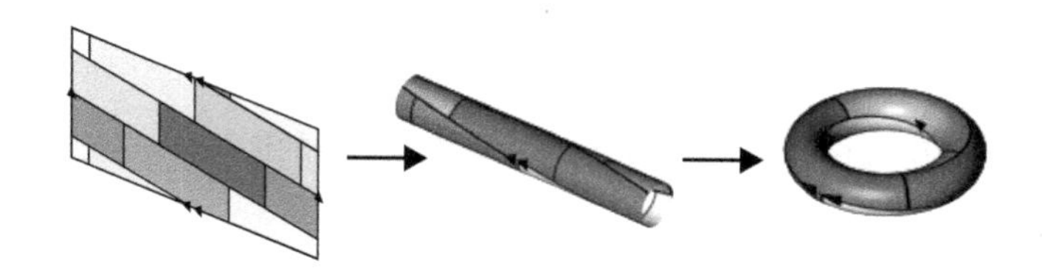

图 116　将平铺的地图卷成环状

可见，涂色区分一张地图所需的最少的颜色种类，是由其所在平面的性质决定的。

对于亏格为 1 的例子，我们可以采用上述方式来实验，但是很遗憾，当亏格为 0 时，这种方法就不适用了。

最想要证明的定理，难度是最大的，虽然多少有点讽刺，但数学中常常会面临这种让人有些无奈的情况。

不恰当的证明？

实际上，四色问题是通过非常令人意外的方法证明的。

首先，数学家希什（Heinrich Heesch）成功地把四色问题限定为8900种配置方案[34]。这是非常戏剧性的关键性进展。因为他把四色问题成功地还原为一个“有限”问题。

之后，伊利诺伊大学的两位数学家凯尼斯·阿佩尔（Kenneth Appel）和沃夫冈·哈肯（Wolfgang Haken）通过人工计算，成功地将这8900种情形中必须考察的对象缩减到了大约2000种。在那之后，两人又花了近1200小时（程序24小时连续运行的话共计50天），借助计算机对所有的情形进行了判断和确认。

结果，他们成功证明了四色问题，轰动了全世界。历经124年的漫长岁月，四色问题终于得以解决。

在整个四色问题的研究历程中，具有革命性意义的事件，就是在数学证明中“真正地”借助了计算机的强大演算能力。

阿佩尔和哈肯借助计算机进行的“证明”，之后在数学界引起了很大的争议。许多学者认为，这种借助计算机把所有可能的情形逐一验证的方法，对于人类理解该问题没有丝毫帮助。数学家们带着愤怒接受了这个借助计算机得出的结果，但是他们并不服气。

之所以不服气，是因为他们认为："这个计算机程序，充其量不过是把所有的情形都分析一遍，然后再针对验证过程是否顺利来输出一个结果。换句话说，计算机输出的不过是许许多多个 Yes 而已。这种程序，和那种输出一定程度的答案，然后由人类验证正确与否的辅助程序，是必须加以区分的……数学的乐趣，在于通过纯粹的论证，使得大部分人能够很容易地理解为什么四色就够了。我们的理智告诉我们，很难把利用计算机'行骗'的阿佩尔和哈肯也认为是数学研究者。"

还有人认为："两人错在采用了不恰当的方式解决四色问题。此后，恐怕再没有一流的数学家愿意去触碰该问题的证明。因为即使他们找到了更简洁、更合适的方法，也永远不会是证明四色问题的第一人了。四色问题的正统数学证明，恐怕是遥遥无期了。只有一流的数学家才有能力给出简洁、易懂的数学证明。而现在，计算机的暴力证明摧毁了这种可能性。"

从以上这些观点可以看出，阿佩尔和哈肯在证明过程中借助计算机这一点，让众多数学家深恶痛绝。但是，换个角度想，假设众多数学家分工协作，应该也是能够验证这些有限情况的吧！但恐怕到时候也会有人指责："四色问题是通过汇总几百篇论文的验证结果解决的。”

其实，根源性的问题在于：“证明过于庞大，人类很难把握其整体。”实际上，这种现象在一些其他问题的证明中也时有发生。

例如，代数学中的分支研究领域“群论”。群论中有一个被称为“有限单群分类定理”的理论，是要证明所有的有限单群都可以被找到并能够进行清晰分类。这个定理被认为在 2004 年已得以证明。注意，这里之所以用“被认为”，是因为其证明过程接近 12 000 页，人类已经很难理解整体的证明过程。

我有一个朋友就是专门研究有限群论的数学家，20 世纪 90 年代，他就曾说过证明已经完成（因为有限群论领域的权威数学家葛仑斯坦在 1983 年宣称已完成有限单群的分类），但是后来又有人察觉到对准薄群的分类尚未完成，于是又陆续补充了将近 1300 页的证明来填这个坑，所以整个证明直到 2004 年才完成。

无论是四色问题，还是这个定理，都是人类目前还无法只靠人工就能解决的问题。但是，这些借助计算机等技术手段得到的长篇累牍、无人能懂的“证明”，到底意义又在哪里呢?

四色问题同时也将这个深刻的问题抛给了我们。

第四章
颠覆直觉的定理

空间填充曲线

1月9日

今天我要挑战的问题如下：

> 请用一支黑色墨水钢笔将一张白纸涂黑，涂黑过程须满足以下3个条件：
>
> 条件1：使用笔尖细如针尖的钢笔。
>
> 条件2：涂黑过程中笔尖不能离开纸面。
>
> 条件3：所涂线条彼此不可相交。

虽然随手胡乱涂写也是可以将纸面涂黑的，但有一点很难做到，那就是使画出的线条互不相交。思前想后也没想出好办法，书中虽然给出了答案，但立马就去翻答案的话，就失去了挑战的乐趣。题目里倒是给出了如下这个提示：

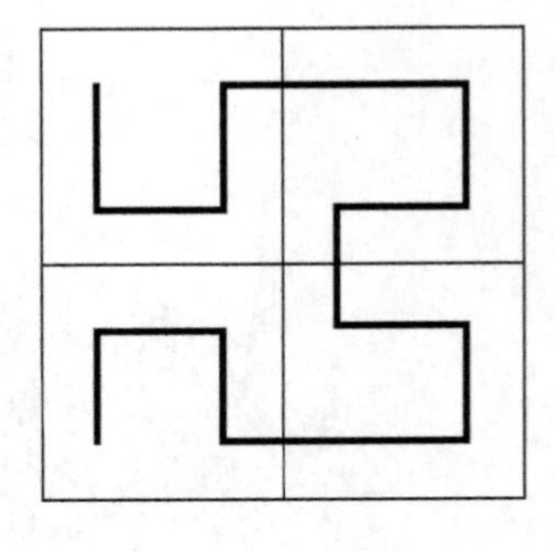

图 117

但是看了这个提示，我反而更摸不着头脑了……

四边形与曲线

看来X先生是被今天的问题难住了，就算是看了提示也没思路。部分原因在于，图117的提示，其实只是给出了解答过程中的一个小步骤。挑战者需要顺着这个思路，试着思考如果把这个图案更加细化，结果会怎样。这才是真正有用的线索。

本章已经是本书的最后一章了。前面我们一起探讨了许多形形色色的数学趣味问题。想必大家也已经察觉到规律，我们一起探讨的这些问题，看上去简单，仿佛小孩子也能解开，但其实背后都隐藏着深奥的数学理论。本节内容同样如此，命题中隐藏了一个非常根源性的问题："正方形是否可以是一种曲线。"换句话说，这个问题的本质是"曲线的定义"。

实际上，数学定义并非从诞生时就准确无误。最初的定义引发问题在数学研究中屡见不鲜，而定义也会随着这些问题的解决而得到修订，逐渐趋向正确的方向。

最朴素的曲线定义为："与直线存在连续一一对应关系的线条。""连续"意味着"不间断"，而"一一对应关系"则表示直线上任意一点都能在曲线上找到相对应的点。直接理解可能有些难度，我们可以用图118来表示。

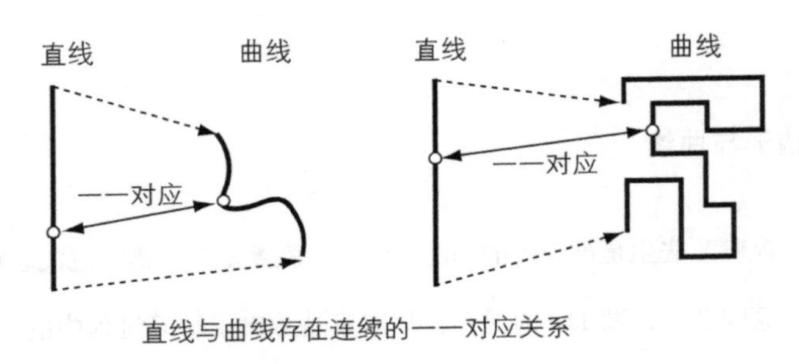

直线与曲线存在连续的一一对应关系

图 118　曲线的朴素定义

这个定义看上去似乎没有任何可以质疑之处。但是，在其后的应用过程中，却引发出了一个非常大的问题。

这里就不得不提到一位伟大的数学家，他就是出生于俄罗斯圣彼得堡的德国数学家格奥尔格·康托尔（Georg Cantor）。现今数学领域中广泛使用的“集合”概念，就是康托尔为其奠定的严密基础。而我们今天要谈到的，是他卓越成就中的一项惊人发现——直线上的点与正方形（边和内部）的所有的点可以建立一一对应的关系。这就意味着，只要用直线就可以把正方形全部填满。

直线（线段）　　　　正方形

图 119　直线与正方形是否可建立一一对应关系

但是，康托尔所发现的“对应关系”是分散的，即非连续的。这一点就与我们本节所要探讨的问题中的条件 2（涂黑过程中笔尖不能离开纸面）不符合。在康托尔之后，许多数学家开始关注“直线与正方形的对应是否可以是连续的”这一问题。换句话说，即“是否存在一条曲线，可以通过正方形中的所有点。”这个研究点，极大地激发了数学家们的兴趣。

在这个问题上，意大利数学家皮亚诺（Giuseppe Peano）最早给出肯定答案，并且给出了构造该曲线的具体方法。

虽然我很想讲一讲皮亚诺构造该曲线的方法，但他的方法稍显复杂，非专业的读者不易理解。这里我会以更加易懂的希尔伯特曲线为例，来讲解这种能够填满正方形的奇妙曲线（空间填充曲线）。

不可思议的希尔伯特曲线

希尔伯特（David Hilbert）是 19 世纪末至 20 世纪前期的德国著名数学家。他在代数学、分析学、几何学、数学基础论、物理学等众多领域提出了许多基础性、根源性的构想，并在这些构想的研究上取得了诸多卓越成果。1900 年，

图 120　大卫・希尔伯特

在法国巴黎召开的国际数学家大会上，希尔伯特提出了著名的“希尔伯特的23个数学问题”，这些问题也决定了数学领域之后的方向。

希尔伯特提出的“希尔伯特曲线”，其构造方法非常简单易懂。如图121所示，首先画出日语中的片假名“コ”形状的曲线。然后将“コ”连续四次翻转90度，就可以得到图121中的四条曲线。

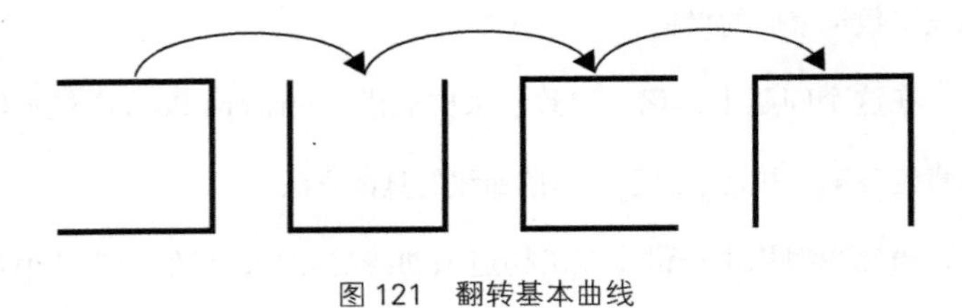

图121　翻转基本曲线

构造希尔伯特曲线的第一阶段，就是先构建“コ”，在之后的步骤中，该曲线将会越来越复杂。

请看图122，把“コ”放到一个正方形的中心处，这看上去有点儿像检查视力的视力表。此时请注意，“コ”的开口方向为左侧。

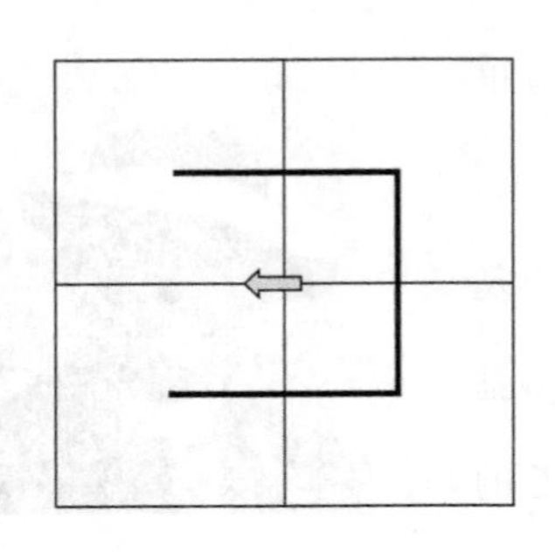

图122　从“コ”开始

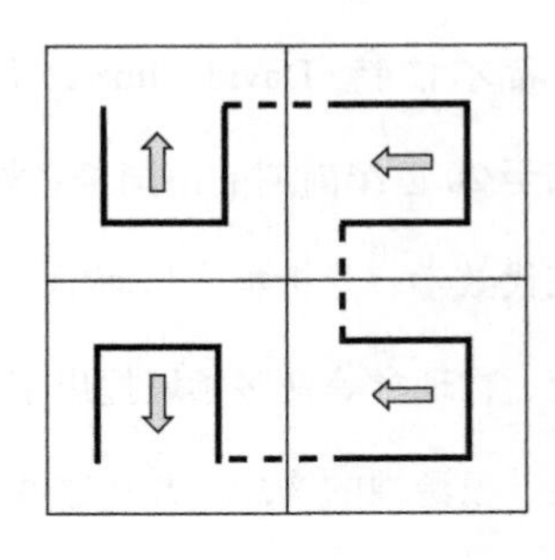

图123　第二阶段

接下来，将“コ”在横向和纵向上都切割为原来的1/2。然后，如图123所示，在正方形的右侧区域放置两个开口为“左”的“コ”，在正方形左上、左下区域分别放置开口为“上”“下”的“コ”。之后，按照图中虚线所示，将四个“コ”连接起来。如此，我们就构造出了第二阶段的希尔伯特曲线。此时的曲线，其实就是本节开篇处的题目中的提示图。还有一点需要注意，在构造曲线的过程中，整体框架（正方形）的大小是没有变动的。

现在，我们再把第二阶段的曲线在横向和纵向上切割为原来的1/2。同样，在正方形的右侧放置两个开口为左的曲线，左上、左下区域分别放置开口为上、下的曲线。最后在虚线处将四个曲线连接起来（图124）。

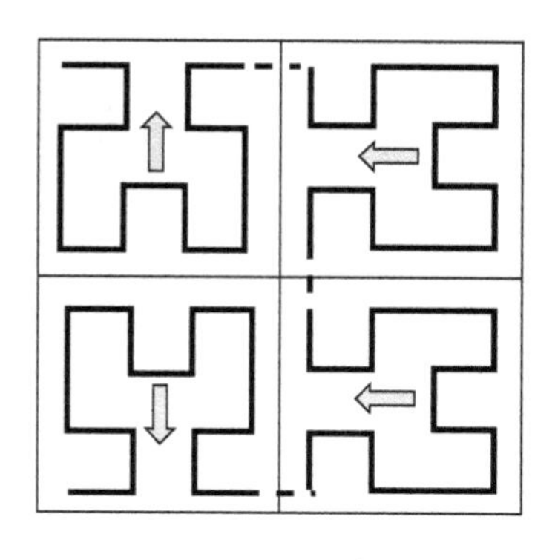

图124　第三阶段

这就是曲线的第三阶段，之后，按照这个规则，将曲线图形不断细分、拼接。这之后产生的新的曲线，我使用了计算机程序来生成（图 125 ~图 128）。

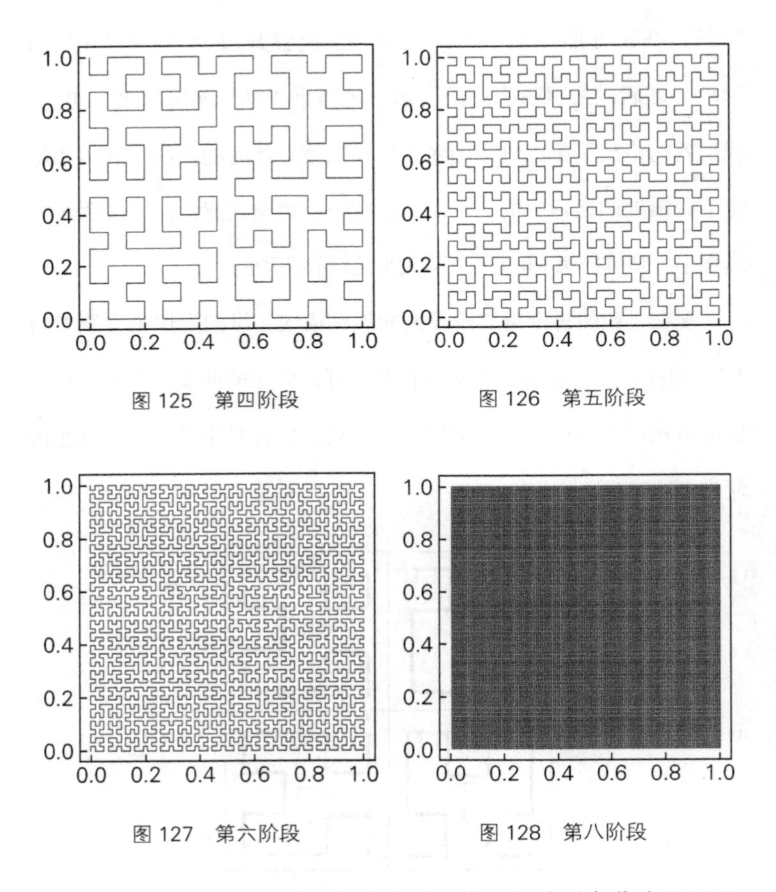

图 125　第四阶段

图 126　第五阶段

图 127　第六阶段

图 128　第八阶段

相信大家看到第六阶段的曲线时，就已经感到有些头晕了吧。可以看到，当进行到第八阶段时，正方形几乎已经被涂黑，肉眼已经无法分辨其中的曲线和空隙。如果让程序继续运行下去，将曲线无限地细分、拼接，最终就一定能够将整个正方形填充满。

也就是说，图 129 中的这个黑色正方形，实际是一条曲线。希尔伯特曲线指的就是这个正方形。

图 129　希尔伯特曲线

用四进制证明

或许有人还是觉得不对劲儿，下面我来讲一下“直线（线段）与正方形（希尔伯特曲线）之间存在一一对应关系”的证明过程。

第一步，我们将线段$[0,1]$（包括从 0 到 1 的全部数字）上的每个数字（当然，这些数字无穷多）都用四进制表示。

四进制的概念可能大部分人并不熟悉，但是也不用想得太复杂，可以简单理解为“如图 130，将线段$[0,1]$进行四等分”。

这样，在线段上我们就得到了四个区间，即“0 到 1/4”“1/4 到 2/4（1/2）”“2/4 到 3/4”以及“3/4 到 4/4（1）”。然后，依照图 130 下方的图所示，沿曲线的序号将四个区间分别对应到正方形中的相应区域。用四进制的语言表述的话，就是使小数点后第一位数字全部与线段相对应。

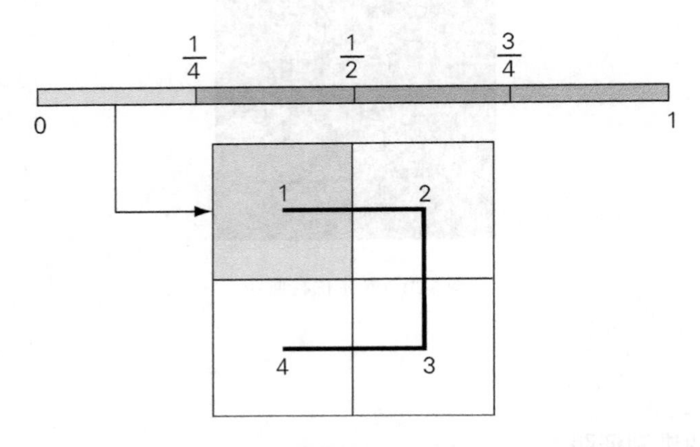

图 130　希尔伯特曲线与线段的对应关系（第一阶段）

然后，将正方形内部划分为 4×4 共计 16 个小正方形，如图 131 所示，将曲线填入相应区域中。

这次，我们把 0 到 1/4 的区间再次细分为 1/16、2/16（1/8）、3/16、4/16，然后依照图中序号 1、2、3、4，分别把新的细分区间填入相应区域。

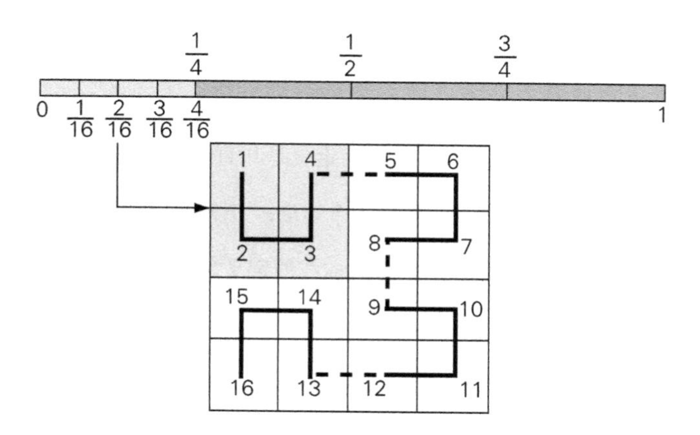

图 131　希尔伯特曲线与线段的对应关系（第二阶段）

同样，编号 5、6、7、8 的小正方形则与 5/16 到 8/16 线段区间分别对应。而从编号 4 到 5 的部分（图中用虚线连接），在线段上对应的是 4/16 到 5/16 的区间。同理，小正方形 9、10、11、12、13、14、15、16 也可以与线段上相应区间建立对应关系。

这样一来，在将线段$[0,1]$用四进制表示时，线段与小数点后第二位的数字也建立起一一对应关系。

在以上对应的过程中，可以看到，曲线的长度在不断延伸。当正方形的细分到 8×8、16×16、32×32……甚至更多倍数时，这些小正方形区域同样都可以与线段$[0,1]$上的区间建立一一对应关系。8×8 个方块可以对应到小数位第三位，16×16 可以对应到小数位第四位，32×32 可以对应到第五位。

将以上过程无限重复、细化，最终我们就可以用线段上的点填满整个正方形。

综上所述，如果我们对曲线的定义是与直线存在连续的一一对应关系的线条，那么就可以得到一个结论："正方形是一种曲线。"

现在在大学的数学教科书中，曲线的定义为："设 M 是一个豪斯多夫空间（Hausdorff space）。当 M 上的所有点，都与一维欧几里得空间（全部实数）的开集具有同胚邻域时，则称 M 为曲线（一维拓扑流形）。"

为曲线下如此复杂定义的原因，想必大家已经了解，那就是为了避免得出"正方形是一种曲线"的情况。

除了"曲线"的定义外，定义引发问题的情况也发生在其他许多数学领域中。数学中的定义往往会附加很多非常具体、繁琐的条件，其实这是非常深奥的数学行为。本节探讨的"如何定义曲线"问题，从另一个角度看，也是讲述了一个数学家们通过不断试错，最终得出正确定义的故事。

帕隆多悖论

1月18日

问题：两人手中分别持有100元的本金，两人进行以下规则的游戏。如果将游戏A与游戏B结合，那么输赢情况会如何？

游戏A

有48%的概率获胜，使本金增加1元。

有52%的概率输掉，使本金减少1元。

游戏B

本金数额为3的倍数时，获胜概率为1%。除此之外，获胜的概率为85%。

获胜本金增加1元，失败则本金减少1元。

很明显，游戏A中输的概率是很高的。而游戏B中，本金的数额有1/3的概率是3的倍数，此时获胜概率仅为1%，几乎会必定输掉游戏。本金数字有 2/3 的概率不是 3 的倍数，此时获胜的概率为 85%。但是一旦赢了，本金增加，几次过后本金又会变成为 3 的倍数。所以，游戏 B 输的概率同样很高。既然游戏 A 和游戏 B 输的概率都很高，那么将游戏 A 与游戏 B 结合，结果自然也是输多赢少！

容易输掉的游戏 + 容易输掉的游戏 = 容易获胜的游戏?

两个不利于获胜的游戏，无论如何组合，也无法改变不利于获胜的情况吧。一般人这样想是非常自然的。

但是，马德里康普顿斯大学物理系的胡安·帕隆多（Juan Parrondo）教授却提出了异议。如果将两个容易输掉的游戏 A、B 组合，则可以得到一个容易获胜的游戏。单独玩游戏 A 或游戏 B，结果均为输多赢少，但是如果将游戏 A、B 巧妙组合，在不改变任何其他条件的情况下，就可以将游戏结果变为赢多输少。真是令人难以置信！

先总结下前文信息，游戏 A 的规则是这样的：

> 游戏 A
>
> 有 48% 的概率获胜，使本金增加 1 元。
>
> 有 52% 的概率输掉，使本金减少 1 元。

48% 和 52%，虽然从数字上看来两个概率相差不大，但是如果一直玩下去，结果就会输多赢少。因为在这种由偶然性支配的游戏中，概率上的微小差异都会对结果产生巨大影响。

我们来看一下如果将游戏 A 连续进行 400 次，本金会如何变化（图 132）。在 48% 胜率的支撑下，玩家的本金最初还是有所增加的。但是，随着游戏次数的增加，本金则越来越少。游戏中获胜的概率与输掉的概率相差并不大，但多次进行游戏后，本金最终还是会减少。

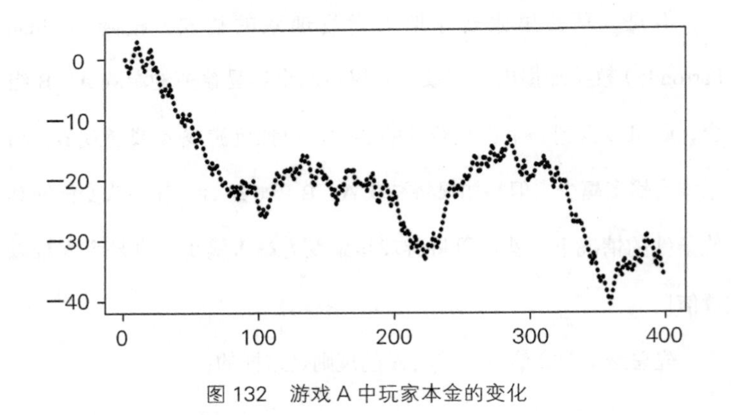

图 132　游戏 A 中玩家本金的变化

这里需要说明一下，图 132 是我用计算机程序模拟得到的结果。大家也可以用其他方式验证，比如用一个略微不均衡的硬币（正反面概率不同）就可以。

下面我们来看游戏 B，游戏 B 的规则有了一些小变化。

游戏 B 中，获胜概率会依据玩家本金的数额（是否为 3 的倍数）而变化。

> 游戏 B
>
> 本金数额为 3 的倍数时，获胜概率为 1%。除此之外，获胜的概率为 85%。
>
> 获胜本金增加 1 元，失败则本金减少 1 元。

游戏 B 的胜负概率，需要依照当下持有的本金数额，计算上较为繁琐复杂。这里我还是使用计算机程序来模拟，可以得到大致的结果。图 133 为游戏 B 进行 400 次后的本金变化结果。

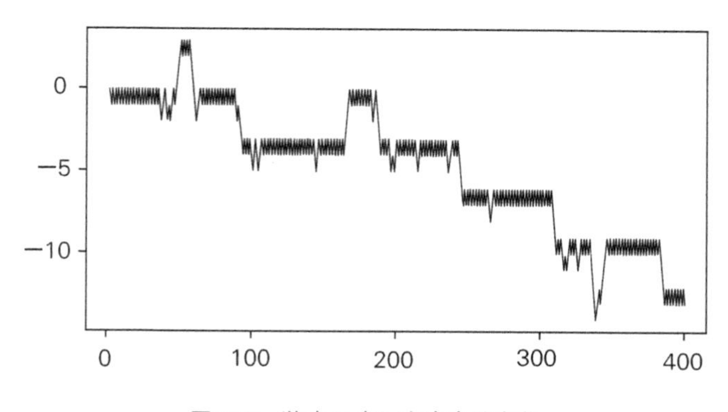

图 133　游戏 B 中玩家本金的变化

当本金数额不为 3 的倍数时，获胜的概率为 85%，我们可以举例子来说明这一点。假设当前的本金是 4 元，4 不是 3 的倍数，因此玩家此时获胜的概率高达 85%。此时如果玩家决定参与游戏 B，就有 85% 的概率赢，本金就增加 1 元，变成了 5 元。这时，5 也仍然不是 3 的倍数，因此玩家下一轮再进行游戏 B 的话，仍然会有 85% 的概率将本金增加到 6 元。

但是，当本金变为 6 时，因为 6 是 3 的倍数，此时玩家获胜的概率仅有 1%。这就意味本金基本会减少为 5 元。非常有趣的是，曲线此时呈现出了上下波动的现象，即本金“增加 1 元、减少 1 元”的重复循环。在图 133 中，我们可以很明显地观察到这种现象。

不过，随着游戏的进行，偶尔也会出现连续获胜或连续输掉的情况，这时曲线就会暂时摆脱波动循环。但是，从总体而言，本金减少的概率还是高一些，因此本金会逐渐减少下去。

在具体分析了游戏 A 和游戏 B 之后，下面就是我们本节所要探讨的焦点问题:“组合游戏 A 和游戏 B，是否可以改变胜败概率。”

组合的结果

根据目前的信息，可以将游戏 A 和游戏 B 的规则用图 134 的树状图来呈现。

在前文的计算机模拟中，不论是游戏 A 还是游戏 B，本金最后都是减少。在这种不利的条件下，帕隆多教授究竟想出什么策略可以扭转局势呢?

令人惊讶的是，他的思路非常简单:“将游戏 A、游戏 B 组合，

50% 的概率进行游戏 A，50% 概率进行游戏 B。”也就是说，游戏 A 和游戏 B 分别以 50% 交替进行。帕隆多教授认为，只要将游戏如此组合设计，就有可能使本金呈现增加的趋势。

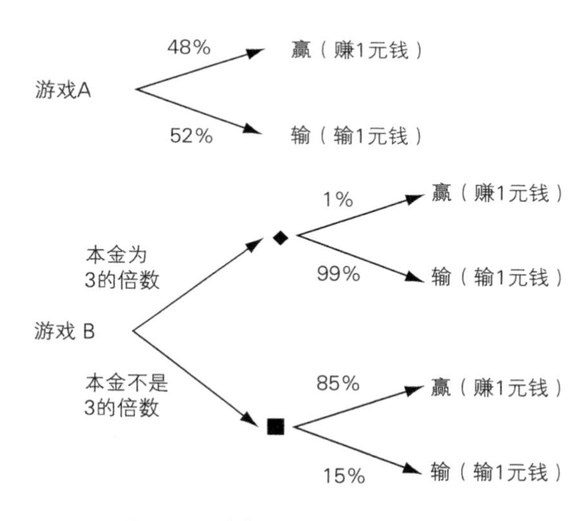

图 134　游戏 A 和游戏 B 的游戏规则

按照帕隆多教授的思路，下一轮进行哪一个游戏，是由概率决定的。这个概率分别设计为 50%，这就意味着增加游戏次数的情况下，基本都不会出现连续进行游戏 A 或游戏 B 的情况。我们可以再用计算机程序进行 400 次模拟，其中游戏 A 进行 200 次，游戏 B 同样也是 200 次。

不过，原本输多赢少的游戏 A、游戏 B，以 50% 的概率交替进行，就可以让本金增加吗？怎么想都觉得不太靠谱。

我们马上用计算机程序模拟来看一看结果。将游戏 A 与游戏 B 以 50% 的概率交替进行的形式组合为游戏 C，模拟运行 400 次后，就得到了图 135 的结果。为了与游戏 A、游戏 B 对比，图中也加入了单独运行游戏 A、游戏 B 时的结果。

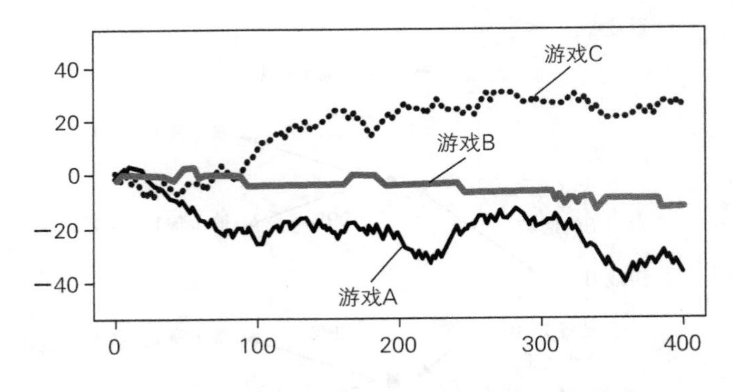

图 135　输多赢少的两个游戏组合为赢多输少的新游戏

图 135 中，最上方的曲线就是游戏 C 的模拟结果。游戏 C 是游戏 A 和 B 的组合，但是游戏 C 的本金变化趋势却与 A 和 B 截然不同。游戏 C 中的本金是上涨的，而且不是增加一点点儿，是呈现出了整体增加的趋势。

仅仅是让游戏 A、B 交替进行，就导致了颠覆性的结果。这究竟是什么原理?

我们先来用图 134 确认一下游戏的情况。但是图 134 的树状图，只用来说明“进行游戏 A、游戏 B 的结果如何”。并不能解释组合 A

和 B 后的颠覆性结果。这是因为，由游戏 A、游戏 B 组合而成的游戏 C 是“动态”的。

因此，随着游戏次数的增多，我们需要考虑游戏 C 中“趋于固定的结果”（这种状态称为稳定状态）。

图 136 呈现了游戏 A、B、C 各自的变化。这个状态图中涵盖了游戏 A、B、C 所有可能的状态，即本金除以 3 后余数为 0、1、2 的情况，以及胜负概率、游戏如何继续的情况。

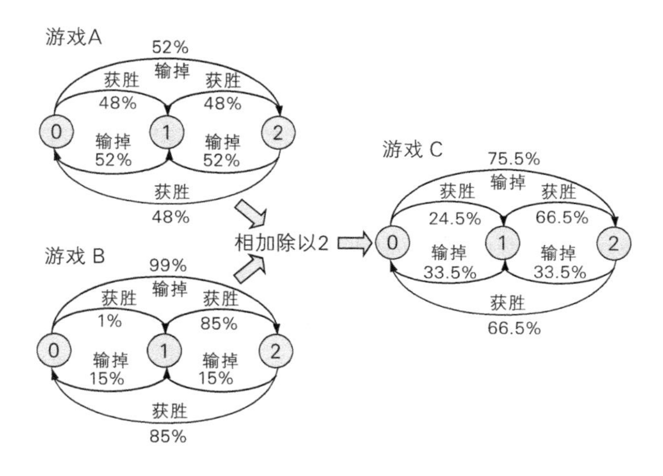

图 136　游戏的状态转移图

下面我来具体说明一下这个状态转移图的解读方法。因游戏 A、B 的图的构成机制是相同的，所以这里只选取运行机制更为复杂的游戏 B 进行说明。

在游戏B中，当本金除以3的余数为0时，游戏的胜率只有1%。若游戏获胜，则本金增加1元，增加后的本金除以3的余数变为1。这就是图中0和1之间标有1%箭头代表的意思。

当本金除以3余数为2时，此时本金不能被3整除，所以胜率变为85%，如果获胜，则本金增加1元，增加后的本金除以3的余数又变为0。这就是图中2和0之间标有85%箭头代表的意思。

以上分析中选取的都是1%、85%的获胜概率，输掉的情况原理也是同样的。类似这样，当前状态在概率的影响下变为下一种状态，这种情况在概率论中称为“马尔可夫链”。

将游戏A、B的状态变化的概率相加，然后除以2，就可以制作出游戏C的状态转移图。

这种状态转移图表示的是进行一次游戏时的状态变化，当游戏次数增加时，余数分别为0、1、2的概率又会有什么变化呢？

将0、1、2比例为1：5：8的游戏进行200次，其变化情况如图137～图139所示。

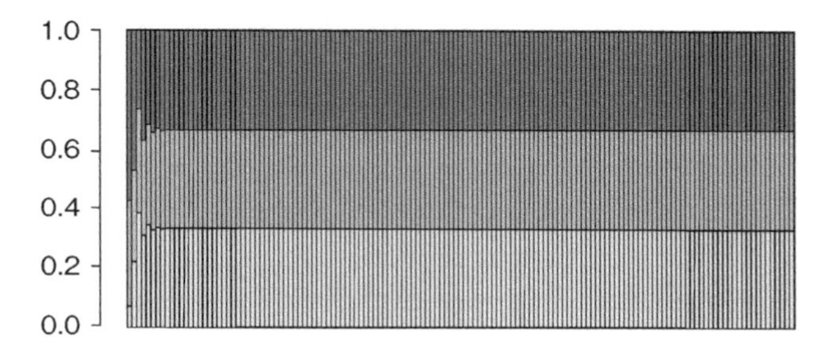

图 137　重复游戏 A 时余数概率的状态变化

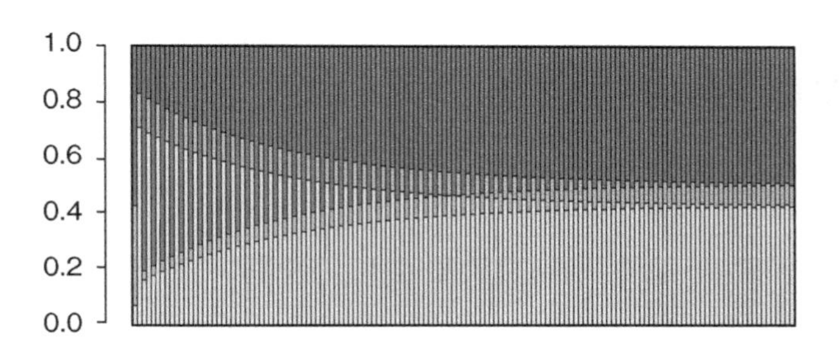

图 138　重复游戏 B 时余数概率的状态变化

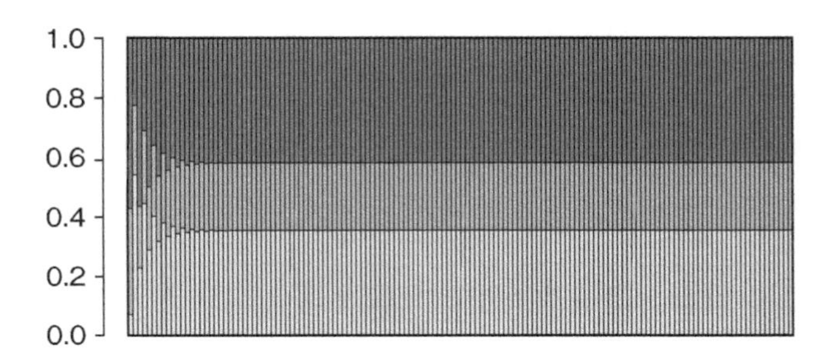

图 139　重复游戏 C 时余数概率的状态变化

这里需要说明一下，初始状态中把余数为 0、1、2 的比例设置为 1 : 5 : 8，并没有什么特殊的含义。初始状态选择差异较为明显的比例，会使后续的变化更清晰可见。初始状态设定为其他比例也是完全可以的。

观察图 137 ~ 图 139 的变化可知，在三个模拟测试中，虽然最初三者的比例有所波动，但最后都分别稳定在了一个固定的比例上。

获胜的原因

图 137 ~ 图 139 中赌局 A、B、C 各自的状态变化有一个共同规律，那就是本金除以 3 的余数为 0、1、2 的情况，都是分别逐渐趋向一个固定比例。我们可以用表 8 来总结一下这个固定比例。

表 8　稳定状态与期望值

	余数为 0	余数为 1	余数为 2	下一步的期望值
游戏 A	33.3%	33.3%	33.3%	−0.039 96 元
游戏 B	43.0%	7.8%	49.2%	−0.0224 元
游戏 C	35.4%	22.7%	41.9%	0.163 62 元

可以看到，在游戏 A 中，余数为 0、1、2 的概率都同样是 33.3%（1/3）。而游戏 B 中，余数为 0 的概率是 43.0%；余数为 1 的概率是 7.8%；余数为 2 的概率是 49.2%。在游戏 C 中，三者分别为

35.4%、22.7%、41.9%，已经非常接近了（稳定状态）。

这里正是关键所在！请注意，游戏 C 的稳定状态下，三者的比例并不等于 A 和 B 相应数值相加后除以 2 的值。

要判断游戏的条件是有利还是不利，还需要计算出游戏进入稳定状态后的期望值。计算结果显示，游戏 A、B 的期望值均为负数，而游戏 C 的期望值是正的。如图 140 所示，对于游戏 A、B、C 中的任意一个游戏而言，将本金为 3 的倍数时胜率设为 p_1，不是 3 的倍数时胜率设为 p_2，只要将 p_1、p_2 设置为特定的一组值，就可以在游戏中获胜。

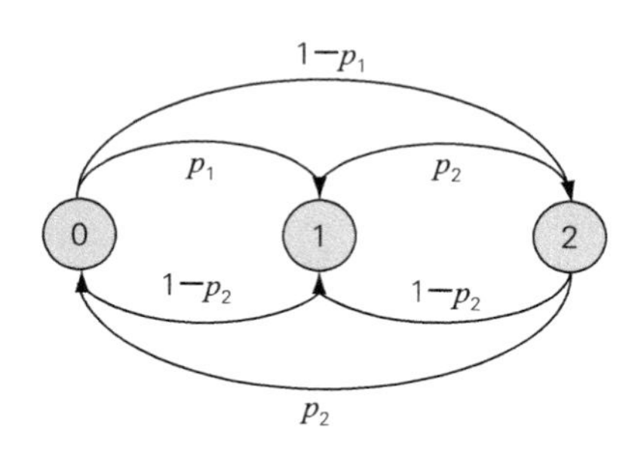

图 140　普遍性状态转移图

计算 p_1、p_2 各自概率所对应的期望值。将期望值为正的区间（获胜的区间）与期望值为负的区间（输掉的区间）用颜色加以区分，就可以得到图 141。图中上方（白色区域）为获胜区间，下方（灰色区域）为输掉的区间。通过判断 p_1、p_2 组合的值落入上方区域，还是到了下方区域，游戏的胜负情况也就一目了然了。

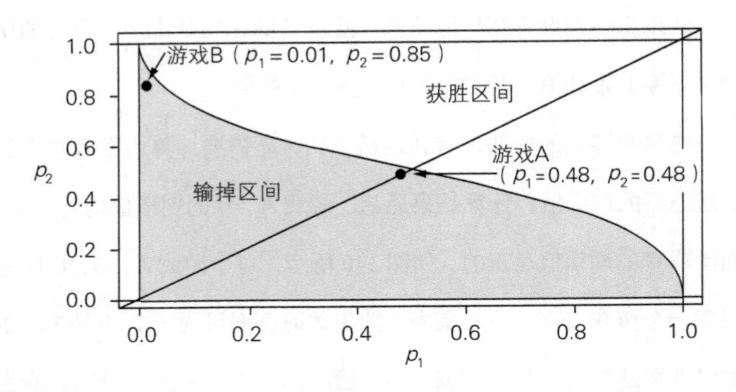

图 141　游戏 B 的获胜区间与输掉区间

如图 141 所示，游戏 A 的结果为 $p_1=p_2=0.48$（48%），同样游戏 B 中 $p_1=0.01$（1%）、$p_2=0.85$（85%），图中这两个游戏的对应的小黑点均位于输掉游戏的区间。

而游戏 C，即将游戏 A 和游戏 B“以特定的比例组合在一起”时，相应的 p_1、p_2 值的组合也应当位于连接这两点的线段上。

> 游戏 C（A 和 B 以特定比例 t 交替混合形成）中，
>
> 游戏 B 中，本金是 3 的倍数时的胜率为 $tp+(1-t)\,p_1$
>
> 游戏 B 中，本金不是 3 的倍数时的胜率为 $tp+(1-t)\,p_2$

游戏 C 由游戏 A、游戏 B 分别以 50% 的概率组合而成，因此游戏 C p_1、p_2 的位置如图 142 所示，为连接游戏 A 和游戏 B 线段的中点。

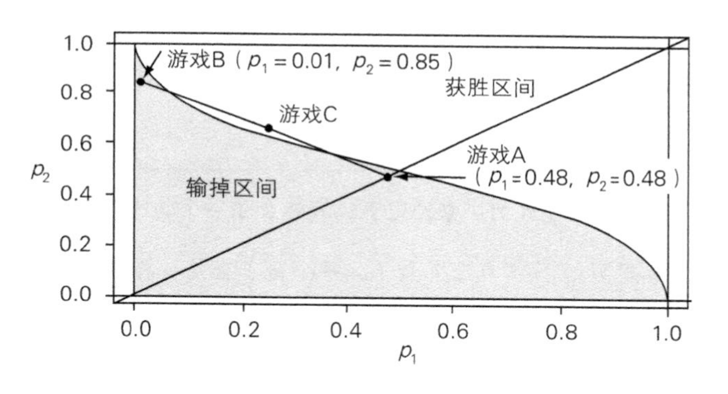

图 142　帕隆多悖论的奥秘

很明显，代表游戏 C 的点落在了白色获胜区间内。可见，将两个输多赢少的游戏组合起来，确实可以得到一个赢多输少的游戏。

实际上，这个意外的反转，是由图中游戏 B 灰色区域的凹陷部分导致的。这也正是帕隆多悖论的奥秘所在。

自帕隆多悖论被提出之后，陆续有一些其他的案例被证明适用于该理论，这些案例都是通过将条件不利的游戏进行组合从而构造出条件有利的游戏。看上去条件不利的游戏，其中其实也隐藏着意外的反转之道。

蒙提·霍尔的陷阱

1月23日

今天在经常光顾的一家酒吧里，我参加了一个趣味游戏。

游戏规则如下：“有三个盒子，一个盒子里是一杯威士忌，另外两个盒子里则都是一杯水，哪一个盒子里面最有可能装的是威士忌呢？”

我随手一指，选了第三个箱子。这时，酒吧老板悄悄对我说：“我特别给您提示一下，第一个箱子里是水，您现在改变选择也是可以的。”

既然已经做出了选择，那么现在换不换也没什么影响了，选中的概率都是50%。因为三个箱子中有两个是水，所以不管我选择的那个是不是威士忌，酒吧老板都可以将一个有水的箱子公开给我，不管我是改变选择，选中的概率都是50%。虽然老板给我了特别提示，但他的这些信息对我来说也没什么用，所以我没必要再改变自己的选择。

我从数学的角度去分析这个问题，概率已经是清清楚楚的了，不过老板特意设置这么一个迷惑顾客的小花招，倒是也挺刺激的！

数学家也会出错!

美国的一档电视节目 Let’s Make a Deal 中，主持人蒙提 · 霍尔（Monty Hall）给参赛者设置了这样一个游戏。

游戏规则如下，参赛者面前有三扇关闭的门。其中一扇门后面是一辆全新的汽车，另外两扇门后都是一只山羊。如果参赛者选中的门后面是汽车，就可以赢得汽车作为奖品。如果选中的门后面是山羊，那参赛者只能空手而归。

当参赛者选定了一扇门，但还没有开启的时候，主持人蒙提会开启其余的两扇门中有山羊的那一扇。游戏中一共有两只山羊，所以无论参赛者最初选择的门后面是什么，剩下的两扇未开启的门之中，至少有一扇门后面是山羊。

例如，在 A、B、C 三扇门中，假设你一开始选了 C（图 143），主持人蒙提就会打开一扇后面藏着山羊的门，比如 B。此时，汽车就只可能在 A 或 C 的后面了。

这时，主持人会问你是否改变选择选 A 门。你会怎么想呢？是认为 A 和 C 后面是汽车的概率都是 50%，所以换不换都无所谓？还是认为换门会增加赢的概率呢？

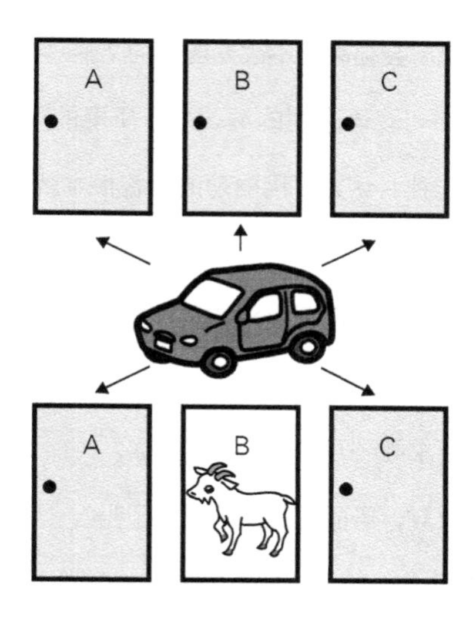

图 143　蒙提·霍尔问题

看到这里，大家应该明白了吧，X 先生在酒吧玩的小游戏，其实就源于著名的“蒙提·霍尔问题”。

实际上，“蒙提·霍尔问题”当时在美国还引发了大范围的讨论事件。这个事件最初源于某本杂志的一个连载专栏“交给玛丽莲”，某位读者将蒙提·霍尔问题寄给了该专栏。专栏的回答者是当时的一位著名女性玛丽莲·莎凡特。玛丽莲曾被吉尼斯世界纪录认定为“世界上智商最高的人”。尽管对于她的智商究竟是多少还存在争议，不过吉尼斯世界纪录最终采纳了 228 这个结果。

作为经过“认证”的世界上最聪明的人，玛丽莲很快就给出了答案：“参赛者改选另一扇门会更有优势。”她认为如果选择换一扇门，赢得汽车的概率会提高到不改变选择的 2 倍。

然而，在专栏刊载玛丽莲的解答后，质疑的声音接踵而至。许多读者写信给杂志社，认为“玛丽莲的解答根本就是错误的！”质疑者的主要观点是：“即使改选另一扇门，门后是汽车的概率也不会变化。不管是否改变选择，门后是汽车的概率都是 50%。”来信的读者中，将近 1000 人是博士学位获得者，其中也包括一些数学家。他们责骂玛丽莲，并要求她公开承认自己的错误。

这么多人都反对，玛丽莲是真的弄错了吗？

确实，在游戏中，已经被放置好的汽车不会再改变位置。不管选手是否改选另一扇门，这一点都不会变。这么说来，似乎玛丽莲的主张确实是错了。玛丽莲和反对者，究竟哪一方才是对的呢？

下面，我们用计算机程序模拟一下这个游戏。参赛者在三扇门中挑选其中的一扇，之后主持人打开剩下的两扇门之一，确认后面是山羊。此时参赛者有两种选择，一是“改选另一扇门”，二是“坚持最初的选择”。将游戏模拟 100 次之后，再计算出参赛者赢得汽车的概率，以供研究参考。

模拟的结果如图 144 所示。图中的横轴为游戏次数，纵轴为赢得汽车的次数。从图中可以看到，在模拟的最开始几次，不改变选择，也就是坚持最初的选择会更有优势，但是之后曲线发生了交叉，改变选择的情况更有优势。统计 100 次模拟中赢得汽车的次数可知，不改变选择为 37 次；改变选择的情况下，赢得汽车的次数上升到了 63 次。后者是前者的将近 2 倍。

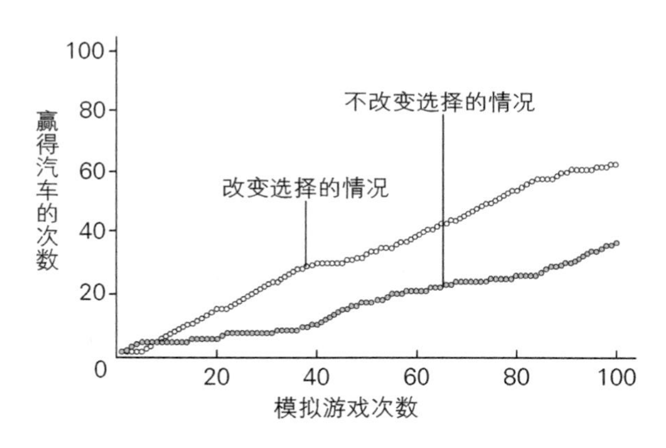

图 144　模拟蒙提・霍尔问题 100 次的结果

100 次的模拟结果可能还说明不了什么问题，下面我们将游戏模拟次数提升到 10 万次。结果统计如下，改变选择的话，赢得汽车的次数为 66 728；不改变选择的话，赢得汽车的次数为 33 272。模拟结果与玛丽莲给的解答相吻合，改变选择的话赢得汽车的概率果然会提高到不改变选择的 2 倍！玛丽莲真不愧是世界智商最高之人。不过究竟为什么会出现这种结果呢？

对蒙提·霍尔问题的分析

为了探求上述结果的原因，我们来考察一下参赛者以50%的概率改变选择时的情况。将游戏再模拟10万次，结果如下，赢得汽车的次数为49 769，空手而归的次数为50 231。两种情况几乎是对半开。也就是说，**问题的关键在于，参赛者需要必定改变原先的选择**。

如果假设主持人蒙提在之后的环节中，没有打开那一扇后面藏着羊的门，那么这种情况下，参赛者猜中汽车的概率毫无疑问是1/3。这一点大家都不难理解。

让问题变复杂的就是蒙提打开了有山羊一扇门，这给游戏带来了全新的信息。

为了更清晰地呈现不同选择下的情况，这里还是用树状图来表示（图145）。

如图所示，参赛者最初选中汽车的概率是1/3。选中汽车的情况下，如果在主持人的干扰下改变选择，就会失去赢得汽车的机会；不改变选择的话，则可以顺利赢得汽车。同理，参赛者最初为选中山羊的概率是2/3。在未选中汽车的情况下，如果根据主持人揭示的信息（打开一扇有山羊的门）改变选择，则会必定选中有汽车的门。注意，这里就是问题的关键所在。

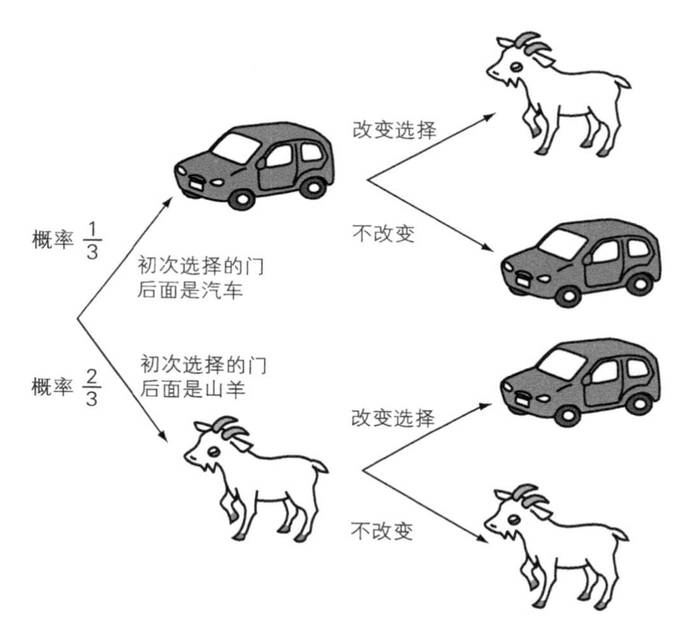

图 145　蒙提・霍尔问题的各种情况

当主持人蒙提打开那扇山羊的门时，参赛者如果必定改变自己的选择，那么未选中汽车的概率是 1/3，而选中汽车的概率是 2/3。当参赛者必定改变自己的选择时，那么他最初的错误选择就会被反转：

空手而归→赢得汽车

如图 146 所示，这时最初未选中汽车的概率 2/3，会转变为选中汽车的概率 2/3。

如果参赛者不改变最初的选择，那么猜中汽车的概率就一直是 1/3（图 147）。

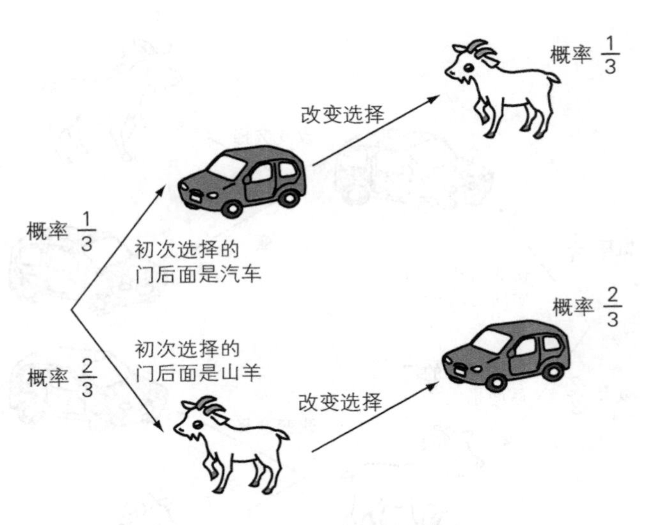

图 146　必定改变选择的情况

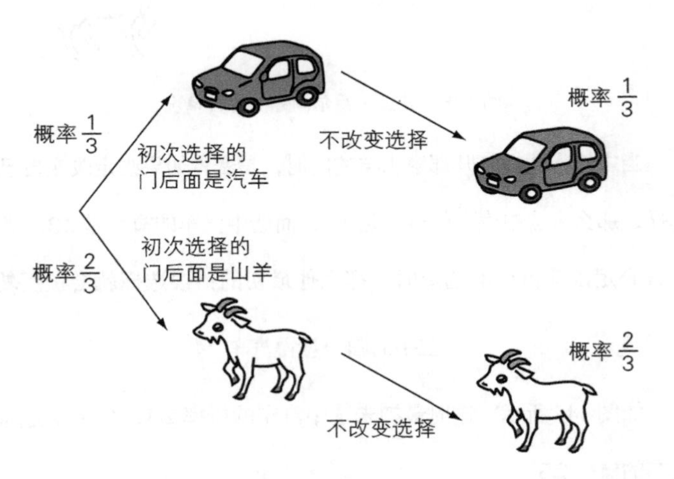

图 147　不改变选择的情况

如果参赛者改变选择的概率是 50%，情况会如何呢？同样，我们也用树状图来展示这一分析过程（图 148）。

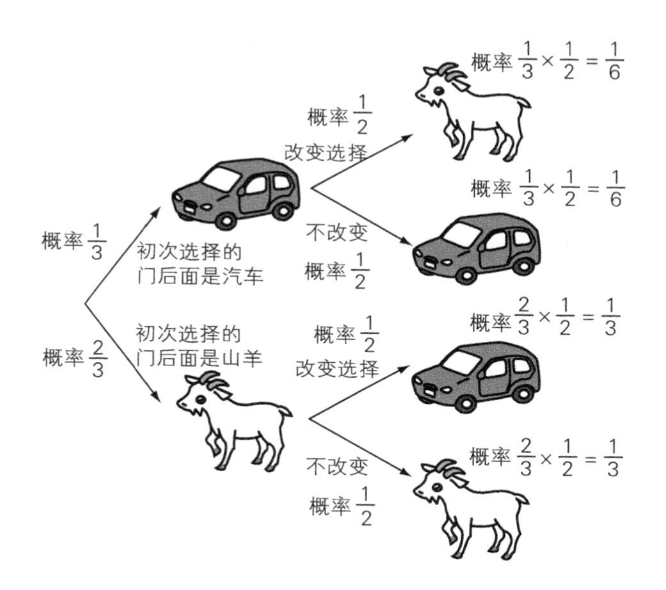

图 148　改变选择的概率为 50% 时的情况

如图所示，参赛者最初选中汽车的概率是 1/3。这种情况下，如果参赛者不改变选择，那么选中汽车的概率为：

$$\frac{1}{3}\times\frac{1}{2}=\frac{1}{6}$$

另一方面，参赛者最初未选中汽车的概率是 2/3。这种情况下，如果参赛者根据主持人的信息改变选择（概率为 1/2），就一定会选中汽车。此时选中汽车的概率为上述两项概率的乘积：

$$\frac{2}{3}\times\frac{1}{2}=\frac{1}{3}$$

将上述两种情况下选中汽车的概率相加，得到整体选中汽车的概率：

$$\frac{1}{6}+\frac{1}{3}=\frac{1}{2}$$

这个数字与计算机多次模拟的结果惊人一致。

综合以上不同情况的分析结果，大家应该已经明白了吧，这个问题其实并没有什么神秘之处，而是概率在发挥作用。

该问题之所会在当时引发大规模争论，是因为一般人听到这个问题时，直觉上会认为“概率是对半开”，这种思维定式很难消除，也会对后续的思考、判断产生影响。

那些寄信驳斥玛丽莲的数学家们，无一不是受到了这种第一印象的蒙蔽，使得他们越来越看不清楚真相。

如同之前我们已经探讨过的许多事例，在蒙提·霍尔问题中，依赖直觉似乎也是不太靠谱的。

关于“无限”的故事

3月3日

今夜繁星满天，星光灿烂。

每当仰望星空时，总会觉得自己的烦恼会慢慢消散。我也不知道是为什么，或许是因为这无边无际的繁星吧。

宇宙中星星的数量是无限的，与无限的星体相比，人类不过是有限、短暂的存在。所以说，人类的烦恼根本是微不足道的小事情。

无限的宇宙中存在数不尽的星星，仅是想象一下这番情景，都会让人目眩神迷。如果某种东西“数不尽”，那就称之为“无限”。

无限是什么

我们经常能够听到“无限的宇宙”这种说法，并且宇宙中星星的数量似乎是无限的。比如银河系、仙女座大星云、黑洞等。

不过，星星的数量真的数不尽吗?

天文学家认为，现阶段宇宙中星体的数量其实是有限的。自身能够发热发光的恒星，其数量大约为1000亿的1000倍，而类似地球这样自身无法发光的星体(行星等)，其数量估计是前者的10倍以上。这些数量级看起来高得吓人，但是也说明了一个事实——宇宙中星体都是数量有限的。

那原子的数量是否是无限的呢?虽然原子的数量比星体数量更为庞大，但也是有限的。另外，基本粒子也同样是有限的。当然，我们没办法实际去数一数上述这些物质的数量，但是我们可以得到大致的估值，以宇宙中原子为例，原子的数量约小于10^{68}的10^{32}倍。

也就是说，“数不尽”并不意味着“无限”，还存在一种“数得尽的无限”。当然，“数得尽的无限”也并不等同于“有限”。

无限究竟是什么呢?虽然这个问题有些难度，但却是值得“烧脑”思考的重要问题。因为这个问题不仅冲击了19世纪末的数学界，还对许多现代数学的深层次研究产生着巨大的影响。

数得尽的无限

小孩子学习算术的第一课就是数数。很多小孩子会得意地告诉大人："我现在能数到 100 了！"

实际上，"数数"是通往抽象世界的入口。当我们日常说到有几个苹果、几辆车、几个人时，如果剥离掉"苹果""车""人"这些表述不同物质属性的成分，那么剩下的就只有"个数"这个概念了。认真想一下的话，"数"其实是一种相当抽象的概念。

小学算术的学习顺序是整数的加法、减法、乘法。当学到小数、分数的时候，可能会让学生觉得数字开始变得有些奇怪。日常生活中，在测量身高、体重、温度时，就会出现这些看上去"不完整"的数字。例如，身高 130.4 厘米，体重 34.7 千克或者今天的最高温度是 25.6 度等。这些例子中只给出了小数点后一位的测量结果。但是大家应该都知道，如果实际更细致地测量，可以得出刻度与刻度之间更精确的数字。一般的量尺中都不会体现毫米以下的单位，这是因为在实际生活中很少会出现需要如此精确的情况。但是，实际上刻度与刻度之间是连在一起的，量尺就是这种"连续"概念的一种象征。

读取刻度时，将数值取为小数是很好理解的。但是，当把小数和分数放到一起时，就会有不少学生搞不太懂了。例如看到 $\frac{1}{3}=0.333\,333\,3\cdots$，不少人会觉得不可思议，认为：“$\frac{1}{3}$ 的 3 倍是 1，但 0.333 333 3⋯ 的 3 倍是 0.999 999 9⋯，这怎么看也不等于 1 吧？”看来，在这个简单的算式中潜藏着一只“妖物”。

为更好地理解这其中的奥妙，我在本节引入了几个集合的概念。在进行具体分析之前，我先用一个简单的图来说明这几个集合的关系（图 149）。

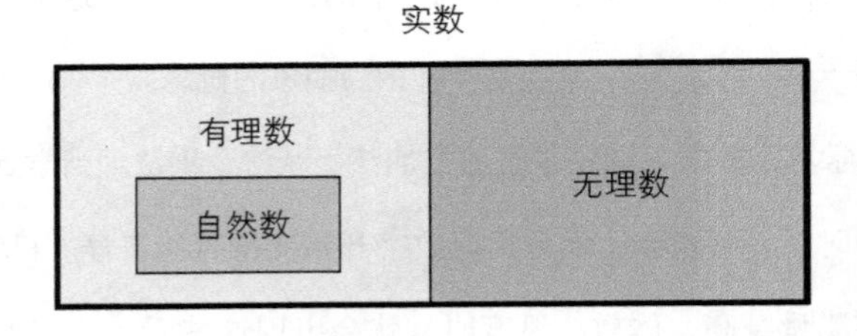

图 149　实数、有理数、无理数、自然数之间的关系

实数的概念，大致上可以理解为“与一把无限长的尺子上的点相对应的数”。实数可以分为有理数和无理数。有理数就是分数。

1、2、3、4⋯这类所有的编号数字的集合，就叫作自然数。在日本，把 1 以上的整数定义为自然数[35]。自然数也可以称为“特殊的有理数”。举例来说，5 这个自然数也可以用有理数，也就是分数的形式表达为 $\frac{5}{1}$。因而，自然数可以称为特殊的有理数。

像是$\sqrt{2}$、圆周率π，就不是有理数的范畴了。非有理数的数字，都叫作无理数。

图 150 是关于无限概念的框架图，通过它可以更好地理解“无限”。

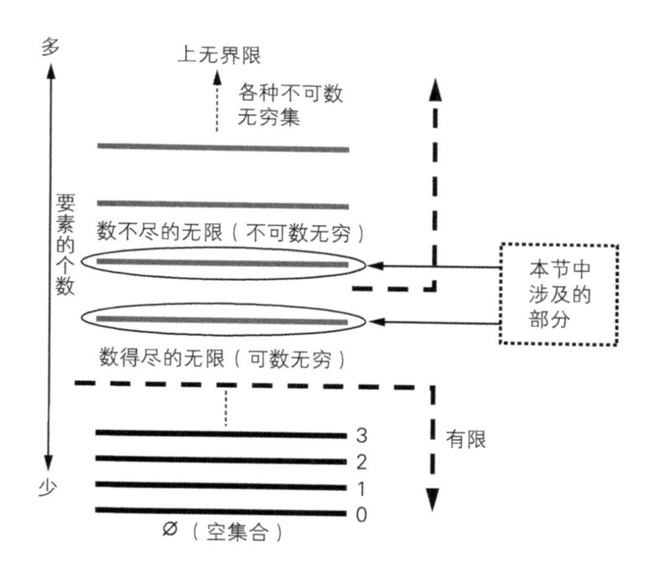

图 150　无限世界的层级结构

图中展现出“无限世界”是由数个阶层构造而成。可以看到，无限可以划分为“数得尽的无限”（可数无限）和“数不尽的无限”（不可数无限）两种。粗略来说的话，“数得尽的无限”的上一层级，就是“数不尽的无限”。本节讲解的部分则是图 150 中两处用圆圈标示的部分。

也就是说，本节的研究主题为“无限究竟是什么”，以及“数得尽的无限”“数不尽的无限”又究竟是什么。现在，我们先从“数得尽的无限”入手，来考察无限的世界。

当我们数数时，必不可少的东西是什么呢？毫无疑问，那就是“编号”。因为当我们说集合A是“数得尽”时，就意味着“集合A的所有元素都可以拥有不重复的编号”。

举例来说，全体偶数的集合{2、4、6、8…}可以如下编号，偶数2为1号，4是2号，6是3号，8是4号…如此进行下去，集合中每个偶数都会获得一个编号，且编号不会重复。同样，全体奇数的集合也是“数得尽的无限”。

分数也是同样的吗？我们已经知道所有的分数[36]是无限多的，但是无限多的分数也是可数的吗?

要回答这个问题，我们同样需要用到刚才的方法，只要证明所有的分数都可以分配唯一的编号，那就意味着全体分数的集合也是“可数”的。

下面我们以$\frac{3}{5}$这个分数为例来探讨。这个分数是由3和5两个数字构成。从这个角度看，分数可以看作是由2个整数的组合所构成的数字。

那么，数分数的个数，是否可以用数整数组合的形式来代替?

大致上看，分数的个数与整数组合的个数应该一致，不过两者还是存在差异的。例如，$\frac{3}{5}$与$\frac{6}{10}$、$\frac{9}{15}$等分数其实是相同的。因为将这些分数约分，都会得到$\frac{3}{5}$。所以，约分后等于$\frac{3}{5}$的所有分数，都可以看作是与$\frac{3}{5}$相同的数字。

明白这一点后，我们来试着为所有分数分配编号。（图 151）

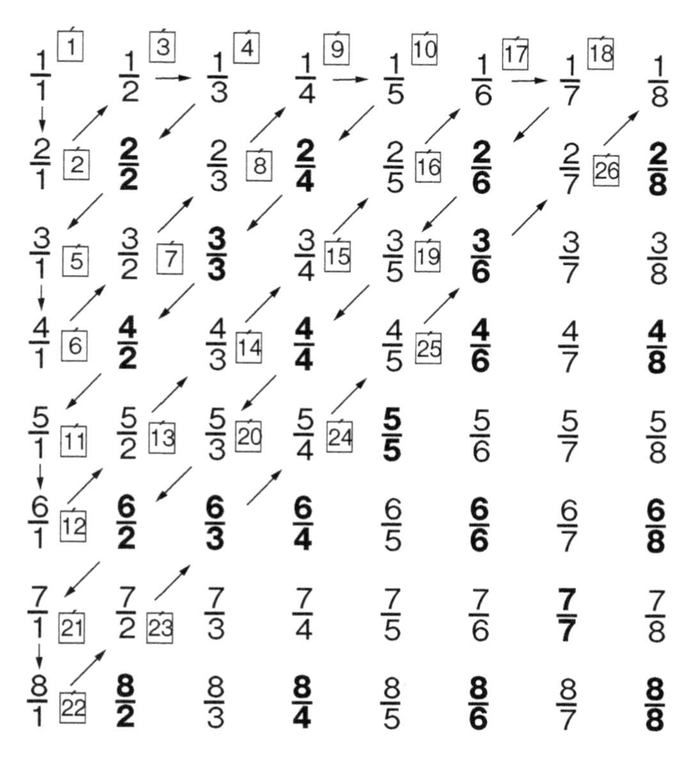

图 151　为所有分数分配编号

我们从$1=\frac{1}{1}$开始，依次为所有分数分配编号。如图 151 所示，分数排列的机制为，箭头每向下推进一次则分子增加 1，每向右推进一次则分母增加 1。编号方式为，$\frac{1}{1}$对应 1 号→$\frac{2}{1}$对应 2 号→$\frac{1}{2}$对应 3 号→$\frac{1}{3}$对应 4 号→$\frac{2}{2}$等于 1 所以不分配编号→$\frac{5}{1}$对应 5 号……[37] 注意图 151 中所有加粗的分数，都是约分后等于前面已经出现过的某个分数，编号时忽略不计。

如此这般对分数进行编号后，我们就能够清晰地看到，分数与有理数相对应，例如，$\frac{3}{4}$是编号 15 的有理数。虽然有理数无限多，但其所有数字都是可以编号的。也就是说，分数，也是一种“数得尽的无限”。

数不尽的无限

那么，“数不尽的无限”又是什么呢？为了更好地理解这种无限，我们先来思考一个问题，即“0 与 1 之间的全部实数，是否可以数得尽”。

实际上，这个问题难度颇高，从正面直接解决的可能性非常小。我们可以假设“数得尽”，然后进行矛盾验证。如出现了任何的矛盾，那么就可以得到“0 与 1 之间的全部实数数不尽”。

这种方法是数学中的常用手段，被称为“反证法”。用反证法证明某个命题，先假设该命题的情况不成立，然后通过推理得到矛盾，从而得到假设不成立，原命题是正确的。

下面，我们使用反证法来证明这道难题。

首先，用 A 表示 0 与 1 之间的所有实数，A 中的所有数字都用小数形式表示，例如 0.952322200237987571309819401083098501 8…（这一数字仅为示例，没有特别意义）。

可以看到，在这个示例中，每一个小数位上的数字都是 0、1、2、3、4、5、6、7、8、9 中的数字之一。有的小数会只截至到某一位数，那么其后的小数位可以补成 0，也就是无限个 0。

因为要使用的是反证法，所以我们首先假设“A 内的所有数字可以分配编号”，即假设**“0 与 1 之间的全部实数，可以数得尽”**。如果由此推导出明显矛盾的结果，那么显然就可以得出该假设不成立。

对 A 内的数字如下编号排列：

$$1\text{号实数} = 0.a_1a_2a_3a_4a_5\cdots$$

$$2\text{号实数} = 0.b_1b_2b_3b_4b_5\cdots$$

$$3\text{号实数} = 0.c_1c_2c_3c_4c_5\cdots$$

$$4\text{号实数} = 0.d_1d_2d_3d_4d_5\cdots$$

$$5\text{号实数} = 0.e_1e_2e_3e_4e_5\cdots$$

其中，如 a_1、d_3 等字母，代表的是具体的小数位，每一个字母的数值都是 0 到 9 的整数中的任意一个。可以将这些字母想象为装有 0 到 9 数字卡片的箱子（图 152）。

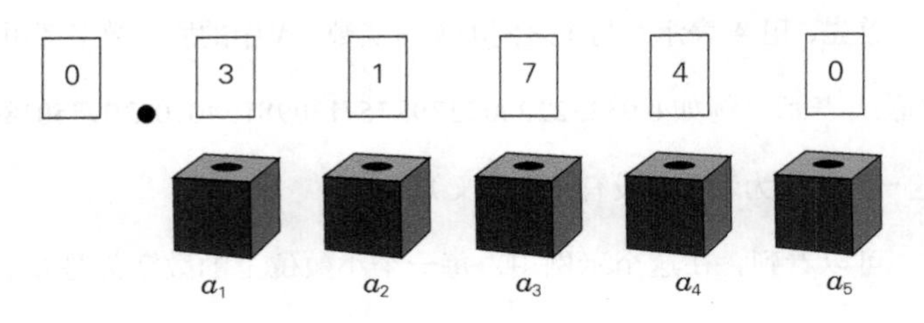

图 152　实数排列的具象化形式

在图 152 中，实数排列使用了 a_1、a_2 等字母，这是因为这里无法对其进行具体编号。也就是说，无法用 1 号实数、2 号实数等形式来给具体的数字分配编号。所以，即使你想象不出 1 号实数究竟是哪个数字也没关系，这不影响我们接下来的论证。

当我们按照上述的方式排列所有实数时，请大家特别注意一下排列中黑色加粗的字母，这些字母的排列恰好成一条对角线。

$$1号实数 = 0.\boldsymbol{a}_1a_2a_3a_4a_5\cdots$$

$$2号实数 = 0.b_1\boldsymbol{b}_2b_3b_4b_5\cdots$$

$$3号实数 = 0.c_1c_2\boldsymbol{c}_3c_4c_5\cdots$$

$$4号实数 = 0.d_1d_2d_3\boldsymbol{d}_4d_5\cdots$$

$$5号实数 = 0.e_1e_2e_3e_4\boldsymbol{e}_5\cdots$$

接下来，我们在 0 ~ 9 中选取一个与 a_1 不同的数字 x_1。至于

x_1 具体是哪一个数字，并没有什么影响。我们姑且假设当 $a_1=1$ 时，$x_1=2$；而当 a_1 不等于 1 时，$x_1=1$。其他实数中对角线上的数也适用同样的规则，如 $b_2=1$ 时，$x_2=2$，b_2 不等于 1 时，$x_2=1$。以此类推，如 $c_3=1$ 时，$x_3=2$；c_3 不等于 1 时，$x_3=1$。

套用以上规则，假设 1 ~ 5 号的实数为以下数字时：

$$1号实数=0.\mathbf{1}45\ 67\cdots$$

$$2号实数=0.3\mathbf{2}4\ 91\cdots$$

$$3号实数=0.12\mathbf{5}\ 22\cdots$$

$$4号实数=0.324\ \mathbf{3}5\cdots$$

$$5号实数=0.215\ 4\mathbf{1}\cdots$$

那么，我们可以得出：

$$x=0.211\ 12\cdots$$

对于 x_6 及之后的数字，也可以按照同样的规则得出，把 x_1 到 x_6 的数字顺序组合在一起，我们就得到以下这样一个实数：

$$x=0.x_1x_2x_3x_4x_5\cdots$$

这个实数的出现意味着什么呢？

结论绝对会令你诧异，这个同样处于 0 与 1 之间的实数，竟然不包含于 0 与 1 之间所有实数的集合 A 之中！

为什么会产生这样的矛盾呢？

原因很简单，如果 x 是包含在 A 中的实数，那么它必然与集合中的 100 号或者是 1327 号等有编号的实数是相同的。但是，如果 x 与编号为 n 的实数相同，就意味着两者小数点后第 n 位的数字必须是一致的。然而，x 中小数点后的第 n 位，必然与编号为 n 的实数的小数点后的第 n 位不同，所以与上述假设得出的结论相矛盾。

综上所述，x 的确是一个处于 0 与 1 之间的实数，但又不可能属于 A，这就出现了矛盾。

也就可以说，“0 与 1 之间的全部实数，可以数得尽”的假设是错误的，那么就可以得出结论——集合 A 数不尽。

本节使用的论证方法，在数学中称为“对角线论证法”。该方法得名于证明过程中所选择的元素恰好形成了一条对角线[38]。对角线论证法的应用范围非常广泛，现代计算机科学中也常使用此方法。

尽管实数和有理数都是无限多，但是，实数是“数不尽的无限”，而有理数是“数得尽的无限”。

“实数是数不尽的无限”这一定理，更重要的意义在于，它在世界上首次明确地证明了“无限并非只有一种类型”这一事实。

连续统假设

3月18日

用巧智必树敌，用情深必被情所淹，意气用事必陷入绝境。总之，在人世间不容易生存。

——夏目漱石《草枕》

静心思索，我们生活的这个世界又何尝不是一摊浑水呢？是非对错，从来没有绝对分得清的时候。

那么，数学这门学科如何呢？在数学世界里，正确答案永远只有一个，黑白永远分明。数学不允许任何误差，这可能会让一些人觉到数学是冰冷、不近人情的。但是，通过一次庞大运算得到一个完美无瑕的答案，这种愉悦也是常人难以体会的。证明数学问题，如果按照逻辑仔细思考，那么就一定能证明命题的正确性。而如果在证明过程中，感觉到有奇怪之处，那么最终你必然能够找出该命题的反例，从而证明命题有误。

我想，再没有比数学更加是非分明的世界了吧！

康托尔的发现

终于到了本书的最后一节，本节讲解的内容是一个世纪难题。

在前文“空间填充曲线”一节中，我们提到了“希尔伯特的 23 个问题”。本节所要介绍的难题，就是列在这 23 个重要问题之首的“连续统假设”[39]。

德国著名数学家格奥尔格·康托尔，于 1845 年 3 月 3 日出生于俄国的圣彼得堡。

康托尔猜想的连续统假设为：

“在数得尽的无限和数不尽无限之间，什么也不存在。”

图 154 为连续统假设的示意图。连续统假设，实际就是假设在有理数这样的“数得尽的无限”（可数无穷集）与实数这样的“数不尽的无限”（不可数无穷集）之间，不存在数量不多不少的“中间”无穷集。

图 153　格奥尔格·康托尔

在数学领域，还有一个名称与之类似的假设叫“广义连续统假设”。该假的内容为：“不可数无穷集之上的阶层也是同样，相邻阶层之间不存在其他集合。”

集合的基数

康托尔当时是怎么想到“连续统假设”的呢？要理解这个过程，我们首先需要回顾一下上一节的内容，并且了解一些基础性的知识。

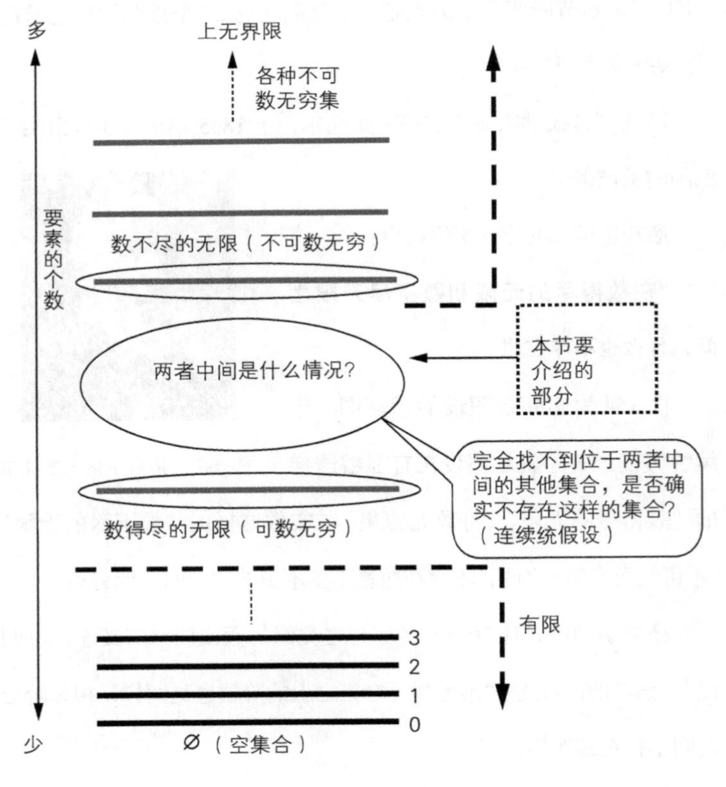

图 154　连续统假设

在上一节“一个关于无限的故事”中，我们已经了解到，实数集是“数不尽”的，我们无法给所有实数都分配一一对应的编号。类似实数集这样无法编号排列的集合，数学上称之为“不可数集合”（或不可列集合）。

另外，“可以编号排列”的更确切的意义是，该集合中的元素可以和自然数集中的元素构成不多不少、一一对应的关系。具体如图151所示，以有理数为例，某一个编号（自然数）所对应的有理数必然是只有一个，反过来说，选择任一个有理数，其对应的编号也是唯一的。例如，编号为8的有理数是$\frac{2}{3}$，而除了$\frac{2}{3}$以外的所有有理数，其编号均不会是8。反之，如果选择的有理数是$\frac{3}{5}$，那么可以看到其对应的编号是19。这就是前面所说的“不多不少、一一对应”的意思。

基于以上的定义，如果两个集合A和B的元素之间建立了一一对应的关系，我们就称这两个集合的“基数是相等的”。基数（cardinal number）在这里是广义化的“个数”的概念。集合A和B的基数相等，用数学符号表示为：A ~ B。也就是说，**当集合A、B均为有限集合（元素数量有限的集合）时，只有当两者的元素个数相等时，A ~ B。**

但是，这里所说的“个数”，也不是一般意义上所指的“一共有几个”的意思，而是特指两个组合中元素一一对应（组合）。

这么解释可能有点绕口，我们还是通过一个简单的例子来说明一下。图 155 中可以看到有苹果还有橘子，这里要问一个问题，大家认为苹果和橘子的数量是相等的吗？

图 155　苹果和橘子

这不是显而易见的吗？可能有人会诧异于竟然提出这个幼稚的问题。图中苹果共有 5 个，橘子共有 4 个，所以两者的数量是不相等的，这是小孩子都懂得知识吧！

确实，对一般人来说自然不成问题，但是请设想一下，如果我们要教一个年龄小到连 1、2、3 等数字都没有概念的幼儿时，又怎么才能让他明白 5 个确实比 4 个多呢？因为对数字没有概念，所以他们自然也就不明白数量的意义了。

这种情形下，有一种方式可以使这些幼儿快速了解苹果与橘子数量的多少，那就是将苹果和橘子两两组成一对。

如图 156 所示，从图中可以看到在配对过程中，无论如何都会剩下一个苹果无法成功配对。所以可以借此向小朋友解释为何苹果与橘子的数量不同。

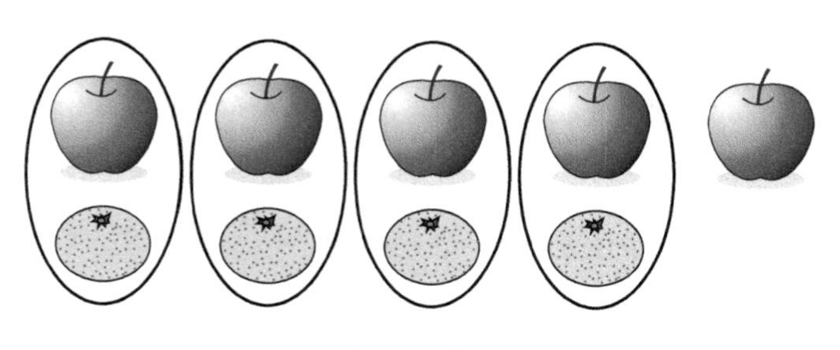

图 156　配对

其实，上面这个例子所要说明的，正是“集合的基数”的计算方式，即将两个集合中的元素进行“一一配对”，并将这种对应方式无限延伸至集合中所有的元素。

掌握了基数这一概念后，现在我们可以使用这个工具来重新表述一下可数集的定义：“可数集即是与所有自然数构成的集合基数相等的集合。”

另外，基于前一节中得出的结论，我们也可以说：“所有自然数的集合的基数，与所有实数的集合的基数是不相等的。”

当我们通常提到“无限多”时，很难分辨该集合是属于像自然数那样“无限多”，还是像实数那样“无限多”，但利用“基数”这一概念，通过该集合与两者的基数对比，我们就可以很清晰的区分出这个“无限”的具体含义。

基数在数学中如何具体的表现呢?

我们都知道当我们在表达诸如“100个”“5678个”这样的数量时，会用到“个”这个特定量词。数学中关于基数，也有一个特定的符号：$\aleph$。这个符号读作阿列夫，阿列夫是希伯来文的第一个字母。相应的，自然数集的基数为$\aleph_0$（阿列夫0）。而实数集的基数为$\aleph_1$，或者直接用$\aleph$来表示。

$\aleph_0$也被称为“可数基数”（countable cardinal number），而$\aleph_1$就被称为“连续统基数”（cardinal number of the continuum）。

在“数量”的概念中，双方之间往往都存在大小关系。比如甲有3个苹果、乙有5个苹果，这时我们就会说乙的苹果比甲的多。而在基数的概念中，同样也存在大小关系，因为基数本身就是“数量的更广义化的概念”。

举例来说，自然数集与实数集，自然数集是包含在实数集中的，且前一节的讨论告诉我们，两者并不相等。因此，我们就可以说$\aleph_1$大于$\aleph_0$。

康托尔与“连续统假设”的较量

前文中，我们了解了一些相关基础知识。接下来我们将正式进入本节所要讨论的主要问题——连续统假设。

“连续统假设”的命题表述如下：

“不存在任何集合，其基数是大于可数基数且小于连续统基数的。”

用公式表示，就是不存在一个集合，能够使其基数$\aleph_?$满足：

$$\aleph_0 < \aleph_? < \aleph_1$$

以实数为例，我们都知道，实数0和实数1之间还存在着如0.5、0.98这样的实数。那么以此类推，基数$\aleph_{0.5}$是不是也可能存在呢？还是说，$\aleph_0$和$\aleph_1$，这两个“0”和“1”之间是根本没有第三者存在呢？

要论证这个命题前，我们可以先研究一下，大于可数基数的集合是否可能存在。

有理数集是一个可数集。那么是否存在基数大于自然数集，但是小于实数集的集合呢？

我们知道，$\sqrt{2}$这样的数不属于有理数，这一类数我们将其归为无理数。如果把所有的无理数加入有理数集，那么这个新的集合是否符合要求呢？

显然，这个新的集合其基数是大于有理数集的，但并不符合命题要求。因为如图149所示，无理数 = 非有理数的实数。如果把所有的无理数都加入有理数集，那么新的集合就等同于所有的实数的集合。

排除了这个选项，那么在有理数集和实数集之间，是否真的存在这样一个数量不多不少、正好“中间”的集合呢？

如果没有找到答案，光凭“有理数集是可数的”以及“实数集是不可数的”这两个事实，无法说明连续统假设是成立的。康托尔是一位非常谨慎的数学家，显然他也不会仅仅基于这两点就草率地认为命题是正确的。在提出这一假设之后，为了证明确实不存在中间基数的集合，康托尔夜以继日，付出了最大努力研究该问题。

康托尔之所以确信连续统假设能够成立，是因为有两个重要依据。

1. 所有代数的数（代数数）成为一个可数集。

2. 存在测度（长度）为 0 但与实数集基数相同的康托尔集[40]、[41]。

首先我们来看第 1 条。这里“代数数”指的是代数方程式的解。代数方程式大家应该都有所了解。例如：

$$3x^3+x+7=0$$

这就是一个典型的代数方程式，通常表达为“x 的 n 次方 + 某个整数乘以 x 的 n 次方 + ⋯ = 0”这样的形式。

代数数集包含有理数集。例如，有理数 $\frac{12}{35}$，也可以理解为以下方程式的解：

$$35x-12=0$$

以此类推，可以发现每一个分数都是代数数。

但是，除有理数外，无理数也可以是代数数。以$\sqrt{2}$为例，它的含义是运算 2 次方后结果为 2 的值，即$x=\sqrt{2}$，这个值满足以下方程式：

$$x^2=2$$

因此我们也就可以说，$\sqrt{2}$也是一个代数数。

代数方程式中有很多非常复杂的方程式，所以，代数数中也包含一些构造极其繁复的数。比如下面这个例子：

$$\sqrt[3]{\frac{2792+\sqrt[7]{8\,487\,794}}{\sqrt{168\,187}+\frac{\sqrt[8]{8783}}{389\,992}}}$$

但这同样也是一个代数数。包含了这些无理数的代数数的集合，应该是远远多于单纯有理数的集合的。但是，要注意的是，代数数的集合中并不包括π这样的无理数[42]。这么看来，代数数的集合是不是恰到好处呢？有理数 + 部分无理数，不就正好处于有理数集和实数集之间吗？用公式表述，就是代数数集的基数大于$\aleph_0$，且小于$\aleph_1$。如果这个设想是正确的，那么这应当就是能够否定连续统假设的强力证据。

但是，康托尔最终并没有采用这个设想。因为其后他自行证明了代数数集其实是一个可数集。这也就意味着，无论包含在其中的元素是多么复杂形态的数，代数数集的所有元素都可以一一编号排列[43]。

定理（1）无法否定连续统假设，那么定理（2）是否能行呢?

图 157 给出了康托尔集合的构成方法的说明。如图所示，取一条从 0 到 1 的长度为 1 的直线段，将其三等分，去掉中间一段，留剩下两段……将这样的操作一直继续下去，直至无穷。

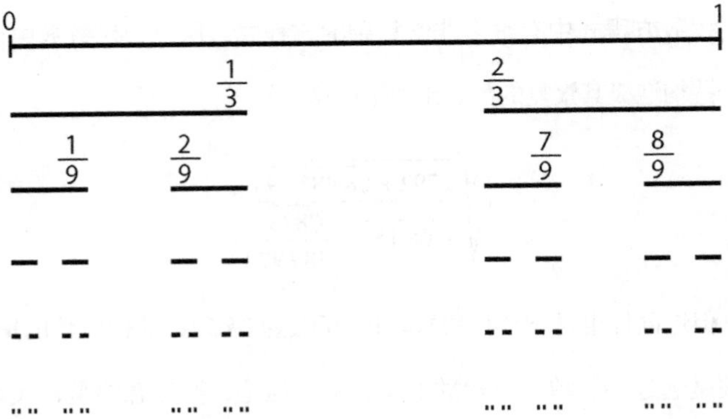

图 157　康托尔集

通过以下的推导过程，我们可以得出康托尔集的长度为 0。

首先，可知长度为 1 的直线段三等分，并去掉中间一段后，将进入第二步操作阶段的集合的长度，为：

$$1-\frac{1}{3}=\frac{2}{3}$$

而第二步的操作是将剩下的两段再分别三等分，各去掉中间一段，留下更短的四段。这时集合的长度为：

$$\frac{2}{3}-2\times\frac{1}{9}=\frac{4}{9}$$

以此类推，无限重复该操作，我们得到的最终的集合长度将为 0[44]。

集合的测度（长度）为 0，看上去这个集合的元素数量比实数集元素稀疏很多，似乎不能构成一一对应关系吧？这样的话，康托尔集应该也不是可数集，因为它的元素感觉上是少于实数集的。如果真是这样的，那么康托尔集似乎就可以成为连续统假设的重要反例了。

但是，最终这个想法并没有被采用，因为康托尔集被证明是与实数集一一对应的不可数集。

图 158 显示了将 0 与 1 之间的数用三进制小数表达的结果。图中最上方即第一次去掉的点，为三进制编码小数中，第一位小数为 1 的所有点；同理，第 N 次操作，就是去掉三进制小数中，第 N 位为 1 的点。

最后得到的康托尔集，用三进制表示，就是小数位只有 0，2 的所有小数。

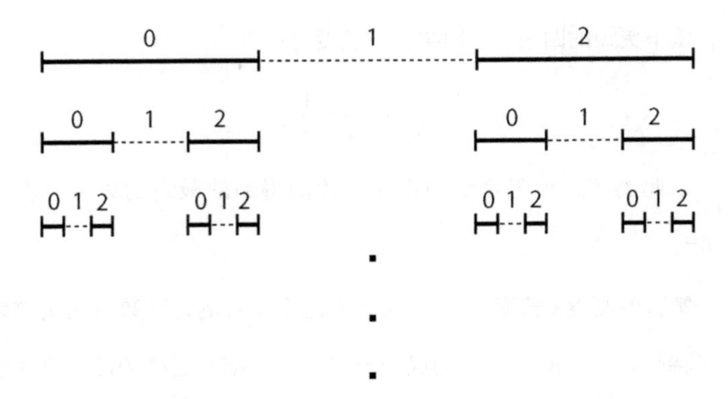

图 158　用三进制小数表达的情形

不过，如果再进一步把小数位中 0 对应为 0，而 2 对应为 1 的话，这个对应数的集合就是 0 与 1 之间的数用二进制小数的表达形式。也就是说，康托尔集能够与 0 与 1 之间的数建立完美的一一对应关系。

换个角度来看，在空间填充曲线一节中，我们用四进制表达了 0 与 1 之间的数，而康托尔集的构成方式，不过是另外的三进制表达方式。看来定理（2）也是无法否定连续统假设的。

在研究的过程中，这种既不是可数集，但基数又小于实数集的集合，一直很难被找到。定理（1）中，代数数集看上去包含的元素要远远多于有理数集，但是实际上和有理数集同样都是可数集合。另外，定理（2）中康托尔集测度为 0，看上去似乎包含的元素非常稀少，但却与实数集的基数相等。

基于以上种种论证结果，康托尔才正式地向世人发问："是否并不存在这样一个基数大于$\aleph_0$且小于 $\aleph_1$集合?"这就是著名的连续统假设。

连续统假设理论，是在1883年才初步成型的。但是假设的正确性却一直未得到证明。不过，也一直没发现足以否定假设的反例。康托尔使用了各种方法，也无法构造出一个基数位于两者中间的集合。在1884年年初，康托尔对该猜想深信不疑，为了证明连续统假设，他陷入了痛苦的挣扎之中，常常是刚发现似乎可以证明假设的正确性了，奋战几天后，结果却发现可以证明假设是错误的，再后几日，又注意到关于假设错误的证明本身就有谬误。如此循环往复却徒劳无功。

而实际上，在当时的数学界，连康托尔提出的对角线论证法都迟迟没有得到承认，更不用说基于此论证法的连续统假设理论了。他的研究成果招致了当时一些赫赫有名的数学家的猛烈攻击。德国数学界的大人物克罗内克（Leopold Kronecker）就是其中之一。

图159　利奥波德·克罗内克

据说，当时克罗内克不仅辱骂康托尔为"科学的骗子""叛徒""堕落的青年"等，甚至对他进行了人身攻击。但是，康托尔并没有因此而放弃。

面对攻击，康托尔曾留下了这样的回应："你们这些人现在所看不见的，终有一天将会清晰地呈现于世人面前。"[45]

难以置信的结局

数学界围绕连续统假设的争论持续了多年，大家都觉得解决该问题的希望渺茫。不过，一些新的发现最终以一种令人意外的方式为整件事画上了句号。

1940年，因不完备性定理闻名的库尔特·哥德尔（Kurt Gödel）证明了在ZFC公理系统下**"连续统假设不能被证明是否定的"**。

图160　库尔特·哥德尔

"ZFC"指的是策梅洛（Zermelo）和弗伦克尔（Fraenkel）选择公理（Axiom of Choice）的首字母缩写。这个理论假设成为了经典数学的理论基础，是许多研究的出发点。

不过，"不能证明连续统假设是错误的"，这个说法有点令人费解，到底要表达什么意思？不能说是错误的，那不就可以说连续统假设应该是正确的吗？

但是，这种想法也在之后被否认了。1963 年，保罗·科恩（Paul Cohen）又以一种被称为力迫法（Forcing）的方法，证明了在 ZFC 公理系统下**“不可能证明连续统假设”**。[46]

这一研究结论是数学领域划时代的重大成果。因这一重要贡献，科恩还荣获了菲尔兹奖。

把哥德尔和科恩的研究成果综合起来，就可以得出以下结论：

“连续统假设与 ZFC 集合公理系统彼此独立。”

这就意味着，无论是在 ZFC 集合公理系统中加入连续统假设，还是加入其否定的结论，都不会产生矛盾。

换言之，**“连续统假设既不能被证明，又不能被推翻”**。这个结论是得到确切证明的。

这个结论令人难以置信！因为它的存在就意味着，在数学领域中，存在着一类命题，这类命题看似很容易就能被证明，但最终却无法证明其正确，也无法证明其错误。

数学家们都有一种很朴素的直观认知，他们认为无论是多么难以证明的命题，最终都应该或是证明了其正确性，或是能够举出一个反例证明其是伪命题。但是，连续统假设的存在，彻底地颠覆了这一认知。连续统假设所具有的独立性，为我们呈现出了理性的边界[47]。

涉及连续统假设的集合论，在数学领域中也是一门非常深奥的学问。集合论涉及数学存在和逻辑本身，把它称为数学中的“深渊”也不为过。

康托尔最终是在精神病院中离世[48]，而哥德尔晚年也未得善终，同样罹患精神疾病。哥德尔总觉得有人要下毒谋害自己，于是他只吃妻子烹饪的食物。他还怕有人会放毒气害自己，于是大冬天也要把家里窗户都打开。这种被迫害妄想症，导致他不怎么出门，几乎所有时间都在家里沉溺于哲学和逻辑学研究。结果有一次他的妻子住院了，哥德尔没饭吃长期处于饥饿状态，最终不幸辞世。他去世时的体重仅有 29.5 千克。

虽然数学家苦心孤诣、夜以继日地研究那些难以被证明的重要定理，但是，我也不得不承认，在这些定理中，确实有一部分定理从原理上就是无法被证明的。

即便是这样，数学家们也从未有停下他们探索的步伐。数学中存在既不能被证明，又不能被推翻的命题。这一由连续统假设所揭示的事实，正是一代代数学家们不畏险途，直面“世纪大难题”发起挑战的结果，也是他们勇气与努力的结晶。

今天的真理，明日就可能被否定。

正因如此，我们才应寻找通往明天的道路。

——汤川秀树

后记

所谓专家，就是在其研究的有限领域内犯过所有能犯的错误的人。

不记得这是谁说过的话了，但是我认为这是关于“专家”的定义中最准确的一个。翻遍数学教科书，所有我们能看到的，都是前人业已发现的正确的研究方向。很容易让人觉得发明这些定理、公式的人，似乎在研究的一开始就已经找到对的路径。但实际上，没有几个数学家是在最开始就清楚自己的研究方向是对还是错的。如果研究的问题还具有一定的价值的话，就更加迷惑了。

数学这门学科，本来就是需要经过庞大的试错过程才能最终觅得真理的。而数学研究中的所谓“直觉”，也不是唾手可得的。只有不断地重复那些简单枯燥的研究工作，方有可能被垂青。

在数学中，“思考”这个词仅有一个意思，那就是“不断试错”。我想，这也就是生活的真谛吧！

本书中涉及数学的部分，经京都工艺纤维大学峰拓矢先生代为校对，我在此谨对他的帮助表示衷心感谢。其余内容中若出现错误均为本人之过。

2014年11月

神永正博

关于章节开篇日记的补充说明

在本书各个章节的开篇部分都出现过“X 先生”的日记。不知是否有读者注意过每篇日记的日期。初看似乎很平常，没什么特别的地方，但我有意在其中埋藏了一个秘密。

本书中提到过诸多大名鼎鼎的数学家，例如，哈尔·范里安、西莫恩·德尼·泊松、保罗·莱维、布丰、勒洛、鲁伯特亲王、挂谷宗一、贝西科维奇、佩龙、德·摩根、格斯里、汉密尔顿、凯尼斯·阿佩尔、希伍德、沃夫冈·哈肯、佩亚诺、希尔伯特、胡安·帕隆多、利奥波德·克罗内克、库尔特·哥德尔、保罗·科恩等。

其实每篇日记的日期，都是这些数学家的生日。而且，这些日期数字本身又有一个十分有趣的现象。你能看出隐藏在这些日期后面的奥妙吗？

希望读者朋友们能独立思考，找出本书隐藏的秘密。

尾注

[1] E. H. Simpson, The Interpretation of Interaction in Contingency Tables, Journal of the Royal Statistical Society, Series B 13: 238−241,1951.

[2] American Journal of Epidemiology.

[3] 群组 A 的新生儿出生时平均体重为 3500 g，群组内每一档之间差值为 500 g。群组 B 的新生儿体重比 A 组要轻，平均值是 3000 g，档差也为 500 g。虽然从整体上看 B 组的幼儿死亡率高于 A 组（是 A 组的 1.7 倍），但是不论从新生儿体重值的哪一档看，B 组的死亡率都低于 A 组（是 A 组的 0.7 倍）。

[4] 表 5 摘取了该论文第 48 页的表格 Table 2.6 Death Penalty Verdict by Defendant's Race and Victims' Race 中的部分数据。该表格数据来源于以下这篇论文 M. L. Radelet and G. L. Pierce, "Choosing those who will die: Race and the Death Penalty in Florida", Florida Law Rev.43, pp.1−34, 1991.

[5] 数据来源于日本第 21 次完全寿命表。

[6] 日本厚生劳动省第 20 次寿命表数据（完全寿命表）。

[7] 在实际操作中要想精确地标识出垃圾邮件的特征，需要经过很多复杂的程序处理。首先为了从电子邮件的文本中挖掘出有意义的词语，必须对文本进行词素分析。接下来需要把垃圾邮件文本中出现频率较高的词汇录入数据库之中。但是，单凭某一特定词汇，如“免费”是否包含在文本中这一点去判断邮件类别是过于草率的。像“免费”这样的词汇，在垃圾邮件中经常和“约会”“注册”等词语共同出现，因此，为了提高垃圾过滤系统的精确度，必须设计更加复杂的算法。垃圾邮件不是本书关注的重点，关于其算法不再一一赘述。

[8] 如果把 0 也算作排在数据第 1 位的有效数字的话，其结果就是每个数据的第 1 位有效数字都是 0，统计就没有意义了，因此此处暂时不考虑 0 的情况。

[9] 此处采用了卡方拟合优度检验（Chi-Square Goodness-of-Fit Test）的方式。

[10] 正确的理解是，检验结论不能否决“适用于本福特定律”这个假设（零假设）。

[11] B. Luque and L. Lacasa, “The first-digit frequencies of prime numbers and Riemann zeta zeros”, Proc. R. Soc. A published online 22 April 2009.

[12] 此图为素数第 1 位数字的柱状图，由 4 个部分构成，反映的是 1 ~ N 的质数其第一数字的分布频率。样本数量的选取如下：

（a）$N=10^8$ 范围内，共计有 5 761 455 个素数（a=0.0583）；

（b）$N=10^9$，素数共有 50 847 534 个（a=0.0513）；

（c）$N=10^{10}$，素数共有 455 052 511 个（a=0.0458）；

（d）$N=10^{11}$，素数共有 4 118 054 813 个（a=0.0414）。

白色的柱状表示的是上述情形中，括号内 a 的值相对应一般本福德定律的理论分布频率值。

[13] Mark J. Nigrini, I' ve got your Number, Journal of Accountancy, May 1999, pp.79−83. 这篇论文中使用的本福特定律，针对的是排在数据前两位的数字。

[14] 存在相同生日概率的详细计算过程如下：首先计算 k 个人生日都不一致的概率。

计算方式是把本文提到的公式中人数一致延续到 k，就得出了以下的结果。

$$\frac{364}{365}\times\frac{363}{365}\times\frac{362}{365}\times\cdots\times\frac{365-k+1}{365}$$

$$=\left(1-\frac{1}{365}\right)\times\left(1-\frac{2}{365}\right)\times\left(1-\frac{3}{365}\right)\cdots\left(1-\frac{k-1}{365}\right)$$

$$=\mathrm{e}^{-\frac{1}{365}}\times\mathrm{e}^{-\frac{2}{365}}\times\mathrm{e}^{-\frac{3}{365}}\cdots\times\mathrm{e}^{-\frac{k-1}{365}}$$

$$= \mathrm{e}^{-\frac{1}{365}(1+2+3+\cdots(k-1))}$$

$$= \mathrm{e}^{-\frac{1}{365\times2}k(k-1)} = \mathrm{e}^{-\frac{1}{365\times2}k^2}$$

需注意的是这里采用了当x值足够小时，以下这个能够成立的近似方程式：

$$1-x \approx \mathrm{e}^{-x}$$

其次，用1减去计算所得的结果，就可以得出存在至少有一个组合生日相同的概率。也就是：

$$1-\mathrm{e}^{-\frac{1}{365\times2}k^2}$$

$$1-\mathrm{e}^{-\frac{1}{365\times2}k^2} \geqslant \frac{1}{2}$$

$$k \geqslant \sqrt{2\log 2}\times\sqrt{365} = 1.18\sqrt{365} \approx 22.5$$

[15] $\sqrt{n}$ 个人时，大约为40%。预先记下这个数字的话后面理解起来会比较快。

[16] 实际上，关于生物特征无法让渡给别人使用这个事实已经引发了另外一方面的重大问题，那就是有可能会使用户自身处于危险境况。在马来西亚吉隆坡市，就曾经发生类似的恶性案件。罪犯在偷盗一辆装有指纹认证系统的梅赛德斯奔驰轿车时，残忍的将车主的手指割下并带走用于犯罪。在大部分信息安全的教科书中，都教育学生，要保护好信息最关键的是要关注整个系统中最薄弱的那一环（the weakest link）。但是在生物识别技术应用中，最薄弱的

那一环恰恰就是经过严格认证的用户本身，因此，类似这样的恶性犯罪的发生几乎可以说是必然的。Malaysia car thieves steal finger By Jonathan Kent, BBC News, Kuala lumper, Last Updated: Thursday, 31March,2005,10:37 GMT 11:37 UK (http://news.bbc.co.uk/2/hi/asia-pacific/4396831.stm)。

[17] 市面上产品的错误拒绝率 FRR，即误把用户本人的应该匹配的特征识别为不匹配的其他人的信息，这个水平大约为 1%。

[18] 假设 p 为百万分之一时，可以运用下面是这个近似公式来计算当这个概率超过 0.5 时 n 的值是多少。

$$1-(1-p)^{\frac{n(n-1)}{2}} \approx 1-\mathrm{e}^{-\frac{pn^2}{2}}$$

则 $n=\sqrt{2\log 2/p}=1000\sqrt{2\log 2}\approx 1177.41$

也就是大约 1180 人。古典生日悖论理论中计算用到的也是相同的近似公式。

[19] 已知当 p 的值较小时，$(1-p)^{\frac{1}{p}} \approx \frac{1}{\mathrm{e}} = 0.36\cdots$

当 p 为万分之一时，$(1-p)$ 的幂，即 $\frac{1}{p}$ 变为 1 万，这个计算的结果也近似等于 $\frac{1}{\mathrm{e}}$。因此，

$$1-\left\{\left(1-\frac{1}{10000}\right)^{10000}\right\}^{\frac{1}{10000}\times\frac{1}{2}\times 10000\times(10000-1)}$$

$$\approx 1-\mathrm{e}^{-\frac{9999}{2}} \approx 1$$

[20] Felch, Jason, “FBI resists scrutiny of ‘matches’, DNA: GENES AS EVEIDENCE”, Los Angeles Times: p.8, July 20, 2008.

[21] 摘自东京大学教养学部统计学教室编写《统计学入门(基础统计学)》东京大学出版会出版。

[22] 有一种特殊情形是飞镖正好投中靶心的原点，这种情况如何计算偏离角度呢？在这个实验中，如果真的出现正中靶心原点的情况，是无法测量其偏离原点的角度的。但是，从理论的角度，严格来说可以认为选手是几乎没有任何可能正中靶心原点的。

[23] 柱状图，又称为条形图，是一种以长方形的长度为变量的表达图形的统计报告图。纵轴表示次数，横轴表示等级。这里的等级指的是将统计值均分为不同区间。例如，统计 1 天中收到的邮件数量时，以 5 封为一个刻度，划分等级，则会形成 0~4 封、5~9 封、10~14 封这样不同的区间。邮件数量处于每个等级的天数用长方形高度表示，就完成了一个简单的柱状图。

[24] 运用切比雪夫不等式的证明是较为广泛采用的方式，但是切比雪夫大数定理中必须假设样本是分散的存在。而大数定律中即使样本不是分散的存在，也可以利用特性函数(傅里叶转换)和泰勒展开式来进行证明。必要的条件就是必须存在有限的平均值。

[25] 电阻两端的电压的波动非常微弱，实际操作中往往需使用放大器将随机波动的振幅放大到宏观级别，然后再与基准值相对比。

[26] 这个观点不完全正确，因为从密码学的观点来看，即使了解伪随机数的生成规则，也有可能还是无法知道下一个生成的随机数是多少。BBS 伪随机数生成器（Blum−Blum−Shub）就能实现这一点。它的运行机制是取两个非常大的不同质数 p 和 q，为保密的密钥，另有保密的模 s（为了生成随机乱数的模的数字），

$$s_{n+1} = s_n^2 \mathrm{mod}\left(p \times q\right)$$

根据计算结果输出 s_{n+1} 二进制形式的最后一位。研究结果表明，如果在不知道 p 和 q 的情况下，是完全无法预测生成的数据的。而质因数分解的计算又是非常耗费时间的（至少到 2014 年为止是情况是这样的）。因此，在 p 和 q 足够大的情况下，质因数分解计算只有理论上的可能，现实中是极其困难的。从这个角度来看，BBS 伪随机数生成器在密码学领域是安全的。但是即使这样，也必须采用某种方法生成模 s，因此真随机数生成器这时就是必要的了。

[27] 更严谨的说法是，在进行模拟实验时采用的数据不是角度，而是弧度。弧度的数字中就包含了 π 。因此，使用模拟实验处理蒲丰投针问题就变成了一个重言式（tautology）问题。但本书中不讨论这方面。

[28] 关于挂谷问题，可以参考新井仁之撰写的文章《论勒贝格积分和面积为 0 的各种奇妙图形》，刊载于日本数学会 2002 年 11 月出版的《数学通信》第 7 卷第 3 号。

[29] 关于三尖内摆线图形的面积计算，首先假设面积较小的动圆的半径为 a，那么该三尖内摆线可以用算式表达如下：

$x=2a\cos\theta+a\cos2\theta$， $y=2a\sin\theta-a\sin2\theta(0\leqslant\theta\leqslant2\pi)$

运用积分计算三尖内摆线所形成的图形，可知其面积为。又因为三尖内摆形图形内从顶点出发最短的线段长度为 $4a$，如果假设这个线段为 1，即，代入面积，可得结果为。

[30] 假设其中三角形两两重叠时，底边重叠部分长度为a，则新的图形底边长度就是（$1-a$）的倍数，进行一系列比较繁琐的计算过程，就可以推算出，当重叠进行到第 k 次时，设形成的图形面积，原大的等边三角形的面积为，则：

$$\left|S_k\right|\leqslant(a^{2k}+2(1-a))\left|T\right|$$

当 a 接近于 1，k 不断增大时，不等式右边的值就能够调整为任意小的值。

[31] 与本章所述相反的、表面积有限但体积无限的图形，在朱利安·哈维尔（Julian Havil）所著的《不可思议：有悖直觉的难题及其令人惊叹的解答》一书中就有提及，书中举出了蔓叶线（Cissoid）的例子（日本白扬社版本第 107−108 页）。作者指出，将蔓叶线的曲线旋转就可以得出一个表面积有限但体积无限的形状。但需要注意的是，这一点在数学上是无法实现的。

[32] 这个问题更准确的表述应当是：“将地图上具有共同边界的国家涂成

不同颜色，总共需要使用多少种颜色？两国之间仅有一点相接，或根本不相接的情形下可以涂上同样的颜色。”此处为了避免语句过于繁复难解，文中使用了较为简单的说法。

[33] 在这个公式中 $[x]$ 符号被称为高斯记号，表示小于等于 x 的最大整数。

[34] 在地图的着色区分中，针对着色区分较难的地图进行检验是非常重要的。这里要提到一个重要概念，叫“三叉地图”，即地图上一个国家，其中所有的边境线连接起来所构成的线条形状，必定有 3 条是相交叉的。

而考虑到“任何地图中，都至少存在一个国家有且只有 5 个以下的邻国”，那么也就可以说，所有的三叉地图中，都必然至少存在一个国家，其邻国的分布是下图所示的 4 种情况之一。

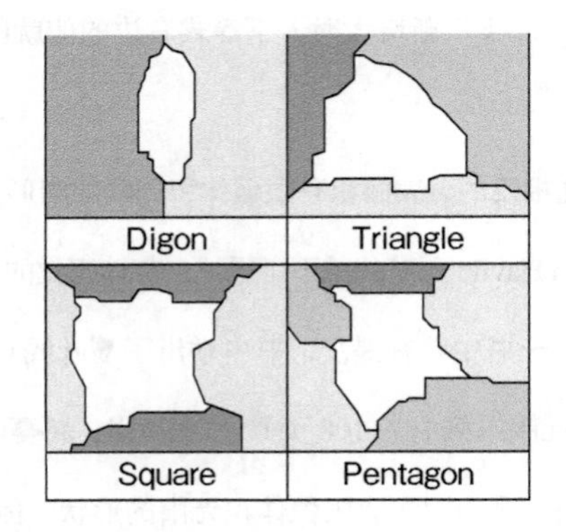

三叉地图中必定会出现符合上述 4 种模式之一的国家

类似这 4 种构形的集合叫作“不可避免集”，顾名思义，就是指在绘制任意平面地图时，不可避免的至少都要存在这个集合中的某一种构形。

证明的基本的策略，就是先找出这个不可避免集中所有构形的集合。此外，关于地图，“任何地图中，都至少存在一个国家有且只有 5 个以下的邻国”这个定理也是可以证明的。

为了构造不可避免集，Heinrich Heesch 引入了物理学中的“放电法”。首先假设某个构形集合并不是不可避免集，将其中具有 k 条边境线的一个国家用这个整数来表示，将此视为电荷，在地图中反复使电荷移动，也就是进行“放电”操作，过程中不能使地图的总电荷发生变化。如果最后发生了矛盾，那么就可以得出结论，我们之前的假设，也就是“这个集合非不可避免集”是错误的。

[35] 法国把 0 以上的整数定义为自然数，与日本数学界的传统定义存在差异。在数学论文中，为避免错误，作者通常会先给出使用哪种自然数的定义，再阐述相关定理。

[36] 分数中也存在负数，本文中仅考虑正值的情形。负值的情形下本质也是与正值情形下相同的。

[37] 编号的方式有多种，本文中仅举一例。

[38] 数学界有很多学者反对对角线论证法，我也是其中一员，使用这种方法总有上当受骗的感觉。对此，天才的数学家、日本史上第一位菲尔兹奖获得者小平邦彦先生在其著作《数学的学习方法》（岩波

书店，1987）中也表达了同样的担忧。他另辟蹊径，用海涅－博雷尔有限覆盖定理（Heine–Borel theorem）给出了不同的证明方法。这种方法更能令人信服，没有那种被骗的感觉。有兴趣的读者可以阅读原著感受一下。总之，数学也是一门非常感性的学科，所以才会存在学者们对某个证明难以信服的情况吧。

[39] 本节内容是基于专门研究科学史、数学史的历史学家道本（Joseph W. Dauben）教授的以下论文创作的：*Georg Cantor and The Battle for Transfinite Set Theory*，Proceedings of the 9th ACMS Conference (Westmont College, Santa Barbara, CA) , pp.1−22. Internet version published in Journal of the ACMS 2004).

[40] 虽然在数学中被称为“康托尔集”，但这个集合并不是首先由康托尔发现的。文献显示，康托尔最早在其 1883 年的论文中提及了这一理论。但早在 1874 年，数学家史密斯（Henry J.S. Smith）所著的论文 *On the integration of discontinuous functions*（Proceedings of the London Mathematics Society, Series 1, Vol. 6,pages 140−153.）中就已经有康托尔集的出现。此外，数学家 Paul du Bois-Reymond、Vito Volterra 也在康托尔之前就已经发现了这一集合。

[41] 这并非是数学独有的奇怪集合，物理学中也曾经出现过。例如 2011 年诺贝尔化学奖得主达尼埃尔·谢赫特曼发现的准晶体，其数学模型的能级集合，就被证明为是类似康托尔集一样的集合。

[42] 1882 年德国数学家林德曼（Carl Louis Ferdinand von Lindemann）证明了 π 不是一个代数数，而是超越数。1885 年德国另一位数学家魏尔施特拉斯（Karl Theodor Wilhelm Weierstraß）将证明过程进一步简化。这个结论在数学领域非常著名，但是其证明过程就连很多数学家也不太了解。数学中有很多定理都是如此。

[43] 代数方程式的一般表现形式为：

$$a_n x^n + a_{n-1} x^{n-1} + \cdots + a_0 = 0$$

在这里，我们称代数数 x 满足该方程式。

证明代数数集可数的思路如下：

首先选择该方程式中次数最小的，然后将该代数方程式的次数 n 与所有的系数的绝对值相加，可得：

$$n + |a_0| + |a_1| + \cdots + |a_n|$$

这个结果我们称之为代数数的“高度”。举例来说，$\sqrt{2}$ 是方程式 $x^2 - 2 = 0$ 的解，因此，可以说代数数 $\sqrt{2}$ 的高度是 5。

我们还可以从给出固定的高度来倒推代数方程式。

例如高度为 0、1 的代数方程式是不存在的。高度为 2 的代数方程式只有一个，那就是最简单的 $x = 0$，换句话说，高度为 2 的代数数只有 0 一个。而高度为 3 的方程式有如下这四个：

$$x^2 = 0，2x = 0，x + 1 = 0，x - 1 = 0$$

这里面，前两个方程的解，也就是代数数均为 0，与高度为 2 的代数数重复。因此，去掉 2 个重复值，高度为 3 的代数数就仅有 1，−1 这两个。

以此类推，在给定高度值的情况下，可知对应的代数方程式是有限的，因而相应的解也就是代数数也是有限的。

按照高度值从小到大，对代数数集中的所有元素进行排列，就可以对这些元素进行一一编号。因此，可得出代数数集是可数集的结论。

[44] $$1-\frac{1}{3}-\frac{2}{9}-\frac{4}{27}-\cdots=1-\frac{1}{2}\left(\frac{2}{3}+\frac{4}{9}+\frac{8}{27}+\cdots\right)$$

$$=1-\frac{1}{2}\times\frac{\frac{2}{3}}{\left(1-\frac{2}{3}\right)}=1-1=0$$

[45] The time will come when those things which are now hidden from you will be brought into the light.

[46] 我认为凭这一这结论就认为可以完全解决关于连续统假设的真伪问题，有些太过于粗暴了。科恩所证明的内容，具体来说如下：“如果 ZFC 集合论没有矛盾的话，即使在 ZFC 集合论中加入连续统假设，或者是相反在其中加入连续统假设的否定，都是没有矛盾的。”这其中存在一个前提，就是“ZFC 集合论本身是不矛盾的”。

[47] “不完备性定理”用更加广义的公式化的证明，论证了本节中提及的“原理性的无法证明”的命题的存在。哥德尔于 1930 年发表的

这一定理，对包括数学在内的大范围的学术领域均产生了重大影响。日本出版社讲谈社发行的科普系列（Bluebacks）中也包括了一本竹内熏所著的《不完备性定理是什么》。

在介绍不完备性定理时，很多文献都选择使用一些更形象的比喻来说明。但是，在数理逻辑学中，这个定理所要论证是关于“逻辑”本身存在的问题，因此，我感觉非常难以找到贴切的比喻方式。

比如说，大家都知道，物理学的很多理论都是非常错综复杂的。但是因为这些理论所涉及的对象大都有实体存在，因此就算是不很贴切的比喻，读者也能够大致上得到一个正确的印象。就算是电、磁等直观上看不到的现象，通过间接地观察家用电器的运行，以及一些简单的实验过程，都可以产生大致的印象。

而相反的，“逻辑”自身是看不见摸不着的，逻辑中存在的只有相互的“关系”，因此不太好打比方来说明。如果有过编程经验的话，对理解相关的哥德尔数等概念有一定帮助，但是核心部分理解起来就不可能那么顺利了。

对我来说，这种类型的讨论很难马上搞明白，也必须是在稳固的公理系统下进行充分、详尽的讨论才能最终理解。

对我个人来说，不完备性定理固然重要，但连续统假设的相对独立性的得证，表明了确实存在一类真实的命题，既无法证明其正确性，也无法证伪，这一点对我更造成了数倍的冲击。实际上，在证明不完备性定理之后花了将近30年，这一实例才最终得证。而最关键部分的证明，除了天才的哥德尔，另外一位天才数学家科恩的贡献也是必不可少的。

[48] 说康托尔在精神病院终其一生，可能略微有些夸张了。更贴近事实的说法是，康托尔的晚年时期，也就是大约1913—1918年（逝世于1918年1月6日），他住进了哈尔精神病院。他的主治医师Karl Pollitt曾经证言他患有“周期性躁郁症”。

版 权 声 明